猪场繁殖生产实用新技术

史文清　苏雪梅　薛振华　主编

中国农业出版社

农村读物出版社

北　京

本书由生猪产业技术体系北京市创新团队工作经费（BAIC02—2021）资助

本 书 编 写 人 员

主　　编　史文清　苏雪梅　薛振华

副 主 编　李复煌　王彦平　郭　彤

编写人员（按姓氏笔画排序）

王彦平（北京奶牛中心　高级畜牧师）

史文清（北京市畜牧总站　正高级畜牧师）

苏雪梅（北京市畜牧总站　高级畜牧师）

李复煌（北京市畜牧总站　正高级兽医师）

肖　翔（天津市北辰区农业农村委员会

　　　　农业发展服务中心　畜牧师）

张士海（北京市昌平区畜牧水产技术推广站　畜牧师）

袁　山（北京天鹏兴旺养殖有限公司）

郭　彤（北京农业职业学院　教授）

崔晓东（北京市畜牧总站　高级畜牧师）

薛振华（北京市畜牧总站　正高级畜牧师）

审　　校　朱士恩（中国农业大学　教授）

中国是生猪养殖与消费的大国。"猪粮安天下"足以表明猪在中国老百姓心中的地位。猪的繁殖是生猪产业链条中的核心环节，是生猪遗传改良、种猪场生产效益、猪肉产品市场供应等方面的决定性因素。

改革开放以来，我国相继涌现出一大批猪的繁殖研究专家，有的立足国内情况推陈出新，有的借鉴国外先进经验，共同探索出一套适合于自身国情的母猪繁殖技术体系，有力地促进了我国养猪业的发展壮大，同时也为产学研相关人员奉献了许多经典的论著，为养猪学、繁殖学领域培育了一大批优秀的人才。进入 21 世纪以来，国内外养猪生产发生了很大变化，主要表现为规模化、工厂化、标准化与自动化。我国农业科研院校紧紧跟随现代化畜牧业发展，培育了大批高精尖领域的研究人员，不仅在养猪生产中得到应用，而且转基因猪、克隆猪在我国先后取得成功，这些繁殖领域技术在国际上都处于领先地位。

技术创新一刻也离不开生产一线。这些实用新技术的应用对我国猪品种资源保护与利用、养猪生产效益提高起到巨大的推动作用；更随着繁殖新技术的示范推广与普及，越来越发挥出潜能。加之西方现代企业管理理念的引入，使得国内大型养猪企业从经验管理走上科学管理道路，繁殖管理理论得以发展，如繁殖营养与激素调控、批次化生产技术等得到长足发展与应用。总而言之，技术与管理的创新为整个养猪产业带来宝贵经验与巨大财富。

本书作者作为年轻的繁殖推广工作者，扎根生产一线，总结梳理出现阶段繁殖实用新技术，这些内容可为广大的技术推广工作者与猪场生产技术人员提供有益指导与借鉴，推动生猪产业更好更快地发展。

中国工程院院士　中国农业大学教授　李德发

2022 年 4 月

实用的繁殖新技术给现代养猪产业带来革命性改变。一是更好地解决养猪生产中实际问题。例如，猪常温精液的人工授精技术，配合人工授精技术服务站像雨后春笋般在养猪集中区域出现，使得选种选配突破了时空的限制，提高了优秀公猪遗传基因的利用效率，极大满足了二元猪场及育肥场对精液的需求，并使得联合育种成为可能。二是减少资源消耗，提高产出率。例如，母猪的贡献率得到提升，由原来平均年提供断奶猪15头逐渐提高到20头，现在国内某些养猪集团已经达到25头以上，逐步缩小与发达国家的差距。三是给产业带来的加速度十分明显。例如，低剂量深部输精技术，随着输精管材料升级，可在减少有效精子数使用量的同时，提高输精效果，使得冷冻精液的推广成为可能并得到快速发展，为产业的发展带来新的活力。

养猪产业发生了巨大变化，不仅是养殖规模化、生产集团化，人员专业化发展更是有目共睹：一大批优秀的硕士博士毕业生进入大型养殖集团，从事繁殖技术，扎根一线，吸收和运用新繁殖技术较快，成为科技型养猪企业的主力军。本书理论基础扎实系统、简明易懂、图文并茂，不仅对养殖生产一线的技术人员起到指导作用，而且可为专业技术推广人员提供参考借鉴。在本书编写的三四年里，笔者几易其稿，就某些技术理论彼此有过深入的沟通与讨论，体现了严谨的科学态度和精益求精的精神。

尽管我们在编写过程中尽了最大努力，但是由于知识面与水平有限，领域的发展又日新月异，书中仍然可能有不妥与纰漏之处，恳请广大读者批评指正，以便使得本书再版时得以补充与完善。

编　者

2022 年 4 月

CONTENTS 目 录

>>> 第一章 绪 论

第一节 猪场繁殖水平评价指标

母猪繁殖水平评价包括配种成绩、分娩成绩、断奶成绩、存栏情况四个方面的内容。

1. 初配日龄 初配日龄（first mating days）指该统计时段后备母猪初配的平均日龄（天数），该指标在 230 日龄左右为最佳。适期初配是非常重要的，这不仅关系到后备母猪的繁殖性能及使用年限，而且会影响后代的生产性能。要提早后备母猪的配种日龄（初配日龄须在性成熟之后），关键在于配种人员加强公猪的饲养管理、提高精液的质量、掌握最佳适配期和重复配种。

性成熟（sexual maturity）是继初情期之后，青年猪的躯体和生殖器官进一步发育，具备正常生育能力的生理状态。通常公猪性成熟比母猪晚。性成熟是生殖成熟的标志。

2. 繁殖率 繁殖率（reproductive rate）指本年度内出生仔猪数占上年度年终存栏适繁母猪数的百分率，主要反映猪群增殖情况。

$$繁殖率 = \frac{本年度内出生仔猪数}{上年度存栏适繁母猪数} \times 100\%$$

3. 配种指数 配种指数（conception index）也称受胎指数，即指参加配种母猪每次妊娠的平均配种情期数（或每次受胎所需的配种次数），是衡量受胎能力的指标。配种指数等于配种情期数/妊娠母猪数。

4. 复配率 复配率（repeated mating rate）指该统计时段母猪复配数占总配种数的比例，该指标直接反映了母猪配种的效率。复配包括配种后出现返情、空怀、流产等再次配种事件。

5. 受胎率 受胎率（conception rate，CR）是指在一定时期内配种后妊娠母猪数占参加配种母猪数的百分率，主要反映公猪精液质量和母猪的繁殖机能。

（1）总受胎率 总受胎率（total conception rate）指本年度内妊娠母猪数占参加配种母猪数的百分率。一般在每年配种结束后进行统计。如同一母猪多次配种，应重复计入配种母猪数。

$$总受胎率 = \frac{妊娠母猪数}{与配母猪数} \times 100\%$$

（2）情期受胎率 情期受胎率（cycle conception rate，CCR）指妊娠母猪数占情期配种母猪数的百分率。可按月份、季度或年度进行统计，可以反映母猪发情周期内的配种质量。

$$情期受胎率 = \frac{妊娠母猪数}{情期配种母猪数} \times 100\%$$

（3）第一情期受胎率　第一情期受胎率（first - cycle conception rate）表示第一情期妊娠母猪数与第一情期配种母猪总数的百分比。

6. 成活率　成活率（survival rate）一般指断奶成活率，即断奶时成活仔猪数占出生时活仔猪总数的百分率。

（1）繁殖成活率　繁殖成活率（reproductive survival rate）即本年度内成活仔猪数占上年度终适繁母猪数的百分率。

（2）断奶成活率　断奶成活率（weaning survival rate）即在断奶时成活的仔猪数占出生时活仔数的百分率，主要反映仔猪哺育水平。断奶存活与出生后 24～48 h 的体重增加密切相关。在出生 48 h 内建立奶头所有权的仔猪都有更大的存活机会。

$$断奶成活率 = \frac{断奶时成活的仔猪数}{出生时活仔数} \times 100\%$$

7. 断奶到配种间隔　断奶到配种间隔简称断配间隔（interval between weaning and mating，IWM），指某统计时段所有断奶后配种的平均间隔天数，反映了断奶母猪的管理水平，应当小于 7 d。生产中一般统计断奶后配种 ≤ 7 d 的记录占所有断奶后配种记录的比例。

断奶至配种间隔受到胎次、哺乳时间、营养、环境的影响。低胎次尤其是第一胎母猪的断奶至配种间隔较长。加之在 3～5 胎时母猪窝产仔数更多，使 1～2 胎母猪的被迫淘汰率较低。哺乳期时间长短与断奶至配种间隔呈负相关。一般情况下，哺乳期每减少 10 d，断奶至配种间隔增加 1 d。

改善日粮配方、采食量、环境、分娩状况可降低提前断奶的负面影响。合理的营养是母猪断奶后快速发情的保证。哺乳期体重损失将导致发情间隔的延长。

断奶至配种间隔的遗传力低（$h^2 = 0.24$），意味着较难通过基因选育改良，且杂种优势变化率高。

8. 分娩率　分娩率（delivery rate）指本年度内分娩母猪数（不包括流产数）占妊娠母猪数的百分率，可反映维护母猪妊娠的质量。分娩率越高，母猪年产仔窝数越高。

$$分娩率 = \frac{分娩母猪数}{妊娠母猪数} \times 100\%$$

配种分娩率指该统计时段配种记录在规定的时间范围（通常 110～125 d）内发生了分娩事件（不包括流产次数）的比例。

$$配种分娩率 = \frac{分娩母猪数}{与配母猪数} \times 100\%$$

9. 产仔率　产仔率（farrowing rate）指分娩母猪产出仔猪数占分娩母猪数的百分率。

$$产仔率 = \frac{产出仔猪数}{分娩母猪数} \times 100\%$$

10. 窝产仔数　窝产仔数（litter size）指母猪每胎产仔的头数（包括死胎和木乃伊）。一般用平均数来比较母猪个体和群体的产仔能力。

（1）总产仔数　总产仔数（total number born，TNB）出生时同窝的仔猪总数，包括死胎、木乃伊和畸形猪在内。

（2）产活仔数 产活仔数（piglet born alive，PBA）即母猪每窝所产活仔猪头数，包括畸形和弱仔猪。

日本和西班牙科研人员的一项联合研究发现，第一胎产活仔数越高的母猪，其一生将拥有更好的繁殖性能，第一胎产活仔数大于 15 头的母猪一生将多产活仔 4.4～26.1 头，初配年龄在 229 日龄或更早的母猪一生将多产活仔 2.9～3.3 头。猪乳腺要到两岁左右发育成熟才能发挥功能，其第一个泌乳期是乳腺再次发育的重要时期，通过仔猪吮吸乳头，乳腺才能发育完整。因此，对初产母猪来说，头胎产仔猪数多少关系到乳头是否充分利用与乳腺发育水平高低，将影响母猪随后胎次的泌乳水平。

（3）窝平均产仔数 窝平均产仔数（average litter size）即母猪全年所产仔猪头数与所产窝数比值。

$$窝平均产仔数＝总产仔猪头数÷产仔窝数$$

母猪的品种、品系，妊娠期管理、母猪胎次等均会影响窝平均产仔数。排卵率决定了窝产仔数，我国的一些地方猪品种一般比引进品种排卵多、窝产仔数高。母猪的胎次影响母猪的产仔数，其中三至六胎产仔数较高，初配、高胎次母猪产仔数低。

（4）窝平均产活仔数 窝平均产活仔数（average live litter size）即母猪全年所产活仔猪头数与所产窝数比值。

$$窝平均产活仔数＝产活仔猪数÷产仔窝数$$

11. 产仔窝数 产仔窝数（litters per year，LPY）即每年每头母猪产仔窝数，指母猪一年内产仔的胎数，一般是母猪全年的统计数。

哺乳期的长短影响母猪的年产仔窝数，盲目地追求早期断奶来实现母猪年产仔窝数的增加不一定会提高繁殖力，要以保证仔猪断奶后能够正常生长发育为原则，结合本场的实际生产水平来确定断奶时间，一般为 28～35 d 断奶。有条件的可实施隔离式早期断奶。

统计报表常用年产胎次（litters sow year，LSY），统计时段的分娩记录数×365.25÷该时段配种母猪饲养日之和，又称母猪回转率，是反映母猪利用效率的核心指标，是一个年化指标。

加强管控、缩短哺乳期、提高受胎率、减少流产和死胎等，均可提高年产仔窝数。影响平均产仔窝数的直接因素有情期受胎率、分娩率。正常情况下情期受胎率为 85％～90％。情期受胎率低会延长母猪空怀期，不但降低母猪的年产仔窝数，还造成饲料和人工的浪费，增加养猪成本。将妊娠母猪放置在同一栋舍内，不随意混群，加强母猪妊娠期的管理可有效地减少流产的发生。

12. 隔离式早期断奶 隔离式早期断奶（segregated early weaning，SEW）即一般 10～18 日龄，最晚 21 日龄给仔猪断奶，并把断奶仔猪转移到远离分娩舍的清净区——保育舍隔离饲养，实现一场两点（繁殖场、保育和育肥场）或三点异地隔离（繁殖、保育、育肥场）饲养，提高仔猪成活率，缩短配种间隔，增加年产窝数。

SEW 使母猪尽快进入下一个繁殖周期，保证了断乳后的母猪及时提前配种和妊娠；让仔猪尽早远离母猪舍，防止母猪生产场环境中经常存在的某些疾病对仔猪的威胁，从而减少了仔猪发病机会，降低了腹泻等疾病的发病率，提高了仔猪的成活率；断乳仔猪在保育舍实行全进全出制度。

断奶期是仔猪的应激期，食物由液态母乳向干粉饲料的突然转变对仔猪的影响较大，液态饲料指水与饲料经过一定的加工工艺而成的流体状混合物或食品加工后液体副产品与常规饲料原料的混合物，具有易消化吸收的优点。SEW 饲喂液态饲料，不仅能有效防止断奶后采食量下降，还能提高仔猪的生长性能。

13. 窝平均断奶头数 窝平均断奶头数（weaning per litter）也称胎平均断奶头数，指母猪断奶时活仔猪的数量。

影响窝平均断奶头数的因素主要有同窝出生仔猪头数、初生体重和均匀度、母猪泌乳力与初乳、环境温度与卫生防疫、人工监护与管理等，若产活仔头数过多或超过乳头数可找产仔少、乳头富余、泌乳能力强的母猪寄养。

14. 断奶窝重 断奶窝重（weaning weight of litter）指该统计时段内有对应分娩记录的断奶仔猪重量之和。

根据英国希尔斯伯勒农业食品与生物科学研究所报道，最大断奶窝重记录是 115 kg：母猪日粮水平消化能 15.8 MJ/kg 和 1.3％总赖氨酸，28 d 平均采食量为 7 kg/d，13 头断奶仔猪总重 115 kg，平均重 8.8 kg/头。

15. 出生重 出生重（birth weight）指仔猪出生时的重量，是仔猪质量的一个重要标准。

高产母猪的窝仔中更容易出现低出生重。出生时体重过低导致断奶前死亡率较高，并且育肥阶段体重较低。提高出生重的措施是：母猪分娩前 1 个月的日粮饲喂量，要比通常增加 10％左右；尤其在冬季，母猪为保持体温而需要消耗一部分能量，故需要改进保温不良的猪舍，日粮饲喂也要多一些（过胖母猪除外）。

16. 终生日均增重 终生日均增重（lifetime average daily gain）指从出生至某一计数周期的日均增重，比如截至 140 日龄开始挑选后备母猪时、后备母猪第一次分娩时或者母猪前三胎等。终生日均增重会影响后备母猪初情日龄、初选体重和初配体重。这三个因素加在一起可能会影响母猪的生产水平和使用寿命。日均增重影响以后胎次的总产仔数、活仔数和断奶发情间隔参数。日均增重每增加 100 g/d，产仔数可增加 0.3 ～ 0.4 头，断奶至发情间隔天数可缩短 0.2 ～ 0.4 d（Tummaruk et al.，2001）。

17. 更新率 更新率（refresh rate）指该统计时段进群母猪数×365.25/该统计时段母猪饲养日之和，是一个年化指标。

种猪的淘汰与更新是一个动态的过程，其目标是为了保证种猪群维持合理的胎龄结构，繁殖效率最大化。合理的胎龄结构如 1～2 胎母猪占 35％，3～6 胎母猪占 55％～60％，7 胎及 7 胎以上占 5％～10％。商品猪场母猪年更新率 27％～33％，新场 1～2 年更新率 15％～20％，种猪场年更新率 40％，原种猪场年更新率 75％。

18. 体况评分 体况评分（body condition score，BCS），是通过触摸或目测观察母猪骨架中的肩胛骨、脊椎、髋骨、尾巴前端、两腿连接处情况，测定母猪最后一节肋骨处的背膘厚，对母猪体况进行的主观评判。体况评分一般会选在断奶后约 2 周、妊娠中期、分娩前 2 周、分娩后约 2 周或接近断奶时进行。体况的评分标准：

1 分体况：背膘厚在 10 mm 以下，能明显看到或触摸到臀部骨、肋骨及脊柱，非常瘦。

2 分体况：背膘厚为 10～15 mm，轻压能够触摸到臀部骨、肋骨及脊柱，中度瘦。

3 分体况：背膘厚为 15～22 mm，通过适当的压力可以触摸到肋骨、臀部内及脊柱，但看不到，理想体况。

4 分体况：背膘厚为 23～29 mm，肋骨、臀部内及脊柱触摸不到，中度肥。

5 分体况：背膘＞30 mm，肋骨、臀部内及脊柱触摸不到，母猪过肥。

19. 非生产天数 母猪非生产天数（non-productive days，NPD）是成年生产母猪和超过适配年龄的后备母猪应正常妊娠或哺乳而未能正常妊娠或哺乳的天数。狭义的 NPD 指母猪断奶后 3～7 d 的发情配种间隔是必需的，称为必需非生产天数；广义的 NPD 是指对生产而言，有生产过程而无生产效果的天数。

$$NPD（d）=365-[（妊娠期＋哺乳期）×产仔窝数]$$

母猪妊娠期一般为 114 d，如 28 d 断奶的猪场，年平均产仔窝数 2.2，NPD＝365－（114＋28）×2.2＝52.6 d。

NPD 包括断配间隔（IWM）、复配间隔（re-service interval）及离场间隔（removal interval）。分娩障碍会增加复配间隔或离场间隔和非生产天数。尽可能地减少母猪的非生产天数，才能进一步使母猪场的生产效益最大化。减小 NPD 措施有：

（1）尽量缩短断配间隔 在实际生产中，母猪断奶后长期不发情是母猪非生产天数增加的主要原因。

（2）尽量缩短离场间隔，即断奶至淘汰间隔 断奶至淘汰间隔取决于猪场制定的母猪淘汰率及管理人员的执行情况。一般情况下猪场母猪每年淘汰率一般为 25％～40％。如果母猪被迫淘汰得太多，NPD 大小就难以控制。

（3）尽量缩短复配间隔 高效妊娠检查手段是决定母猪初配至复配间隔的首要因素。分娩率低于 85％情况下，说明了配种程序或妊娠维持方面有问题。超声波妊娠诊断仪可快速检测母猪是否妊娠。公猪查情也是目前准确率最高的发情鉴定与返情检查的方法。A 超在妊娠 4 周之后才能有准确度较高的结果，B 超结果较为准确。第一次超声妊娠检查应在配种后第二个发情前执行，也即配种后第 29～35 天。同时建议在第三个情期前（第一次配种后 56～63 d）进行第二次超声妊娠检查，便于发现早期流产或者第一次超声误判的猪。

（4）尽量缩短后备母猪引入至配种间隔 此因素的目标间隔应少于 21 d。生产者可以采取公猪诱情、重新分配、控制母猪引入时间等措施来降低此间隔时间。

20. PSY 每头母猪每年断奶仔猪数（piglets-sow-year），也称为母猪年生产力，是衡量猪场效益和母猪繁殖成绩的重要指标。养猪场 PSY 的计算方法：PSY＝母猪年产胎次×母猪平均窝产活仔数×哺乳仔猪成活率。

PSY 代表了年生产力。母猪年生产力涉及种猪的繁殖性能、仔猪的生长性能以及整个繁殖猪群的饲养管理，几乎囊括了（除保育、育肥阶段）养猪生产的全部内容。据报道，丹麦顶级猪场的母猪，每年每头可得 30 头断奶仔猪。而国内许多规模化猪场 1 头母猪一生提供的断奶仔猪在 30～40 头。母猪年生产力低下，成为制约养猪业生产发展的瓶颈。

（1）母猪年生产力　法国学者 Legault 等（1975）提出用 Pn 来度量母猪年生产力（sow productivity），公式如下：

$$Pn=[Ls\,(1-Pm)/(G+L+Iwc)]\times365$$

其中，G 为妊娠期（d）；L 为哺乳期（d）；Iwc 为断乳至配种的间隔时间（d）；Ls 为初生窝活仔数（头）；Pm 为初生至断乳时的仔猪死亡率（%）。

妊娠期 114 d（恒定），哺乳期为 21～28 d，断乳至配种的间隔时间为 5～7 d。

经过试验研究，PSY 达到 24 头时相应的生产指标：全年母猪死亡率<3%，配种分娩率 85%，受孕率 95%，断奶至配种间隔 5～7 d，断奶 7 d 配种率 90%，窝产仔数 11.7 头，窝产活仔数 11 头，弱仔比例<5%，断奶头数 10.5 头，断奶日龄 25 d，头均断奶重 8 kg，哺乳仔猪成活率 95%，保育成活率 96%，非生产天数 NPD 为 43 d，LFY 为 2.3 窝/（母猪·年）。

（2）断奶力　断奶力是指母猪一生所断奶仔猪的总重量。计算公式是：母猪胎断奶头数×胎断奶平均头重×母猪终生总胎数。

如一母猪的断奶力=12 头（断奶数）×7.25 kg（断奶重，24 日龄断奶）×5.8 胎（母猪终生）=505 kg。

21. MSY　每年每头母猪出栏育肥猪的数目（market pigs - sow - year，MSY）是养猪场繁殖生产水平的具体量化指标。MSY＝PSY×育肥成活率。当年产胎次×出栏日龄大于 365 时，MSY＝窝均活仔数×成活率×（365.25÷出栏日龄）。

22. RSY　RSY（return - on - investment - sow - year）指单头母猪年投资回报率，是一种锁定所有生产成本后母猪产能和效益的数据模型。RSY 用百分数的数值表达，如 RSY25。RSY 可正可负，正数越大说明趋向越显著，也可以推演为单头母猪的投资回报力，直接用人民币金额来衡量。

对种猪场来说，随着商品猪屠宰体重的增加，生猪养殖企业产业链的利润发生再分配，PSY 因为高产仔数带来的出生重偏低的情况影响企业利润；RSY 是简单粗暴但非常有效的，RSY 是一个数据模型，可以全部涵盖生产经营的指标。

RSY 是一种经营的标准，可以规范生产管理流程、种猪选育、营养配方、猪只保健、猪场设备与人员投入等。

后备猪的补充可能很大程度上影响 RSY 指标。为了猪场长期发展，作为投资者要进行宏观调控和经济杠杆干预，积极保持 30% 左右的更新，使生产高效。后备猪的补充要和母猪淘汰相结合，最大效能上满足猪场最大的产能和 RSY。

第二节　影响繁殖效率的实际案例分析

对于种猪场来说，经济效益很大程度上取决于母猪的生产力。

一、规模化种猪场繁殖数据采集

通过采集北京市某良种猪场从 2007 年 1 月至 2010 年 10 月长白猪、大白猪和杜洛克猪 3 个品种共 2 699 头母猪的 8 491 窝产仔记录以及公、母猪的配种记录，收集并整理与母猪繁殖力紧密相关的可度量及可计数性状的实际数据，包括年产仔数、每胎的总产仔数、活产仔数、死胎数、弱胎数、初配日龄、胎间距、一次妊娠授精次数等，用于构建母猪繁殖力性状数据库。

二、动物模型分析采集数据

采用 REML 方法估计方差组分，通过动物模型分析，将各个繁殖力性状的影响因素，包括个体遗传水平、育种场、产仔年度、产仔月份、繁殖障碍疾病等进行系统分析，找到影响母猪繁殖力性状水平的主要因素如下：

1. 品种 品种对总产仔数、健仔数、初生窝重和弱仔数的影响极显著，对死胎、木乃伊和畸形胎无显著影响。不同品种母猪产仔数的多重比较表明，3 个品种之间的繁殖性能差异显著，其中大白猪的总产仔数、健仔数和初生窝重极显著高于长白猪和杜洛克（$P<0.01$），长白母猪产仔数极显著高于杜洛克（$P<0.01$），国内大白猪的繁殖性能表现最佳。

2. 胎次 胎次对总产仔数、健仔数、初生窝重和弱仔数的影响极显著，对死胎数影响显著，对木乃伊数和畸形胎数影响不显著（表 1-1）。不同胎次之间多重比较结果表明，除弱仔数基本不随胎次的变化而变化外（$P>0.05$），总产仔数、健仔数和初生窝重均呈现随胎次显著变化的趋势（$P<0.01$）。初产母猪的总产仔数、健仔数和初生窝重均较低，2～6 胎次的繁殖性能最佳，7 胎以上出现下降趋势，11 胎以上繁殖性能下降迅速。

表 1-1 不同胎次母猪繁殖性能最小二乘均值

胎次	窝数	总产仔数（头）	健仔数（头）	初生窝重（kg）	弱仔数（头）	死胎数（头）
1 (1)	1 583	$8.71^A\pm0.10$	$7.83^A\pm0.10$	$12.09^A\pm0.15$	$0.70^A\pm0.03$	$0.25^A\pm0.06$
2 (2～6)	4 854	$9.42^B\pm0.08$	$8.57^B\pm0.07$	$13.47^B\pm0.11$	$0.71^A\pm0.02$	$0.19^A\pm0.05$
3 (7～10)	1 698	$8.69^{AC}\pm0.10$	$7.78^{AC}\pm0.09$	$12.09^{AC}\pm0.14$	$0.73^A\pm0.03$	$0.20^A\pm0.04$
4 (11～)	356	$7.69^D\pm0.17$	$6.90^D\pm0.16$	$10.81^D\pm0.25$	$0.64^A\pm0.05$	$0.16^B\pm0.05$

注：表中数据进行同列比较，标有不同字母者为差异极显著（$P<0.01$），标有相同字母者为差异不显著（$P>0.01$）。表 1-2 与此相同。

母猪的胎次影响母猪的产仔数。应将猪群中 3～6 胎的比例维持在 45% 以上的水平，平均胎次保持在 2.5～3.0，这样可以达到最佳繁殖性能。具体的胎次分布还和饲养的品种、繁殖管理节律和配套设施有关。

3. 配种季节 北方猪场均按照配种月份划分为春、夏、秋、冬四季。配种季节对总产仔数、健仔数和初生窝重影响极显著，而对死胎、木乃伊和畸形胎均无显著影响。针对总产仔数、健仔数和初生窝重，春季配种母猪的表现最好，夏季配种母猪最差，且两个季节之间的差异极显著（$P<0.01$）。夏季配种母猪的健仔数和初生窝重也显著低于秋、冬配种母猪（$P<0.01$）。由此可以看出，北京地区良种猪场春季配种母猪的繁殖性能表现最好，秋、冬季节次之，夏季配种最差。

4. 不同交配组合 不同交配组合的总产仔数、健仔数和初生窝重有显著差异：长白猪公猪与大白猪母猪的交配组合（长×大）具有最高的总产仔数、健仔数和初生窝重，大白猪公猪与长白猪母猪的交配组合（大×长）除初生窝重略高于长白猪纯繁猪（长×长）外，总产仔数及健仔数均极显著低于大白猪纯繁组合（$P<0.01$），并略低于长白猪纯繁母猪。基于此，建议二元杂母猪选择长白猪公猪与大白猪母猪的交配组合（长×大），见表 1-2。

表 1-2 不同交配组合母猪繁殖性状最小二乘均值

组合	窝数	总产仔数（头）	健仔数（头）	初生窝重（kg）
大白猪♂×大白猪♀	1 560	$9.74^A\pm0.07$	$8.63^A\pm0.07$	$13.18^B\pm0.10$
长白猪♂×长白猪♀	2 239	$8.88^B\pm0.06$	$8.17^B\pm0.05$	$12.79^{CD}\pm0.09$
大白猪♂×长白猪♀	433	$8.41^B\pm0.29$	$7.89^B\pm0.27$	$12.86^{BC}\pm0.42$
长白猪♂×大白猪♀	340	$10.06^A\pm0.15$	$8.99^A\pm0.14$	$13.90^A\pm0.22$

5. 产仔数 产仔数的遗传力偏低，除长白猪初生窝重的遗传力达到 0.227 外，其余品种母猪繁殖性状的遗传力均在 0.200 以下。总产仔数与健仔数、总产仔数与初生窝重以及总产仔数与初生窝重之间的遗传相关高（表 1-3），在育种实践中可适当减少选择性状以简化选育工作。

表 1-3 三个品种母猪繁殖性状的遗传力估计值（$h^2\pm SE$）

遗传力	大白猪	长白猪	杜洛克猪
总产仔数	0.162 ± 0.026	0.179 ± 0.024	0.161 ± 0.025
健仔数	0.164 ± 0.026	0.182 ± 0.024	0.168 ± 0.025
弱仔数	0.065 ± 0.019	0.063 ± 0.019	0.086 ± 0.020
初生窝重	0.158 ± 0.026	0.227 ± 0.026	0.188 ± 0.026
死胎数	0.039 ± 0.018	0.013 ± 0.013	0.016 ± 0.013
木乃伊胎	0.010 ± 0.016	0.020 ± 0.017	0.006 ± 0.010
畸形胎	0.011 ± 0.015	0.024 ± 0.018	0.009 ± 0.011

第三节　影响繁殖效率其他重要因素

除了母猪产仔相关的因素影响繁殖效率外，重要的因素还包括品种因素、杂交因素、发情鉴定因素、环境因素，这些因素与人为选择、客观环境与人员技术水平相关。

一、品种因素

品种是影响规模猪场繁殖效率主要因素。不同猪品种，在体貌特征、生产性能、饲料报酬、肉质风味、抗应激等方面各有优势。猪场或公猪站应以市场前景、企业规划、生产规模、预期效益等为依据，选择适宜的品种品系或配套系。我国目前饲养的猪种主要有引进品种和配套系 10 多个、地方品种近 80 个、培育品种 50 多个、培育配套系近 20 个（表 1-4）。

表 1-4 我国目前饲养的主要猪种

地方品种 76 个	引进品种 6 个	引进配套系 5 个	培育品种品系 59 个	中国培育配套系 6 个
华北型：秦淮以北，8	巴克夏猪（Berkshire）	迪卡（DeKalb）	1972—1980 年 6 个	光明猪配套系
华南型：两广福建，18	大白猪（Yorkshire）	皮埃西（PIC）	1981—1990 年 26 个	深农猪配套系
华中型：长珠江间，26	长白猪（Landrace）	托佩克（Topigs）	1991—2000 年 8 个	华特猪配套系
江海型：江浙上海，13	杜洛克猪（Duroc）	施格（Sehgers）	2001—2010 年 7 个	冀合白猪配套系
西南型：云贵四川，10	汉普夏猪（Hampshire）	伊比得（Hybrides）	2010—2021 年 12 个	天府肉猪配套系
高原型：青藏高原，1	皮特兰猪（Pietrain）			中育猪配套系

引种前必须考虑品种的固有繁殖特性。不同品种、基因型的猪群之间在产仔数方面差异很大。但是，窝产仔数的遗传力较低（10%～15%），因此在群内对窝产仔数进行选育的效果很差。

二、杂交因素

在遗传学中，一般把两个基因型不同的纯合子之间的交配叫杂交。在畜牧业生产中，杂交是指不同种畜（种、品种、品系或品群）的公母畜的交配。杂交产生的后代叫杂种。

杂交在生产中的用途概括起来有以下三个方面：

（1）可综合双亲性状，育成新品种 杂交可使群体基因重新组合，因而综合了双亲的优良性状，产生新的类型。

（2）改良畜禽的生产方向 如用瘦肉型品种的猪改良地方脂肪型猪在生产上取得了很大成功。

（3）产生杂种优势，提高生产力 在生产实践中，杂交能产生明显的杂种优势。

三、发情鉴定因素

母猪的发情与配种是整个繁殖生产链条中最为关键的部分。对发情周期的准确判断，决定着整个繁殖生产是否高效。

利用仿生学的原理录制公猪求偶时的叫声，公猪呼气时发生有节律的短促音，呈连珠串式发出。在这种音发出前有一长鼻吸音，伴随唇的"叭哒"声。有研究报道称，测试仔猪、育肥猪、未发情母猪和发情初期母猪均无反应，只有发情求偶时的母猪才有反应，按照常规检查方法，对发情不明显的母猪播放此声音，即时表现接受配种，表明已进入适配期。提高及时的配种效果，并能鉴别真假发情的母猪（赵开基等，1983）。

四、环境因素

除公猪、母猪自身及饲养水平等因素外，环境因素直接影响生猪繁殖性能的发挥。

1. 气温与湿度

（1）气温 生猪靠物理调节即能保持体热平衡的环境温度范围称等热区。等热区分上、下限临界温度。据有关测定，初生仔猪的等热区为 32～34 ℃，繁殖母猪的等热区温度 10～30 ℃。

夏季炎热的气候不但使公猪精液品质下降，精液密度降低、精子活力下降、畸形率升高，造成母猪受孕率低下，返情率高，且对母猪产生直接影响。当环境温度达到 30 ℃以上，超过繁殖母猪上限临界温度时，母猪卵巢和发情活动受到抑制。高温引起母猪体温升高，特别是子宫环境温度的升高，不利于受精卵的发育和附植。高温高湿影响机体散热，导致体内积热、体温升高，不但对繁殖不利，严重时造成猪只死亡。冬季寒冷干燥，猪只增加产热保持体热平衡。当低于临界温度时，不但影响饲料转化效率，影响生长和繁殖，甚至体温下降导致死亡。同时，低温、高湿对生猪体温调节不利，需要加强管理，升温、通风换气。因此需要配置地暖、保温墙、空调等保温、增温设施。

（2）湿度　高温高湿强刺激，可使母猪内分泌功能失调，食欲不振、代谢紊乱、营养不良，繁育机能下降，从而降低窝产仔数、产活仔数和出生窝重等。低温高湿（当相对湿度增大到 90％时）可导致生产性能下降。研究表明，繁殖母猪适宜的温度见表 1-5。

表 1-5　猪群适宜的温度/℃

猪　　舍	舒适温度范围	高临界温度	低临界温度
配种妊娠舍	15～20	27	10
分娩舍	18～22	27	10
保育舍	20～25	30	16
隔离舍	15～23	27	13
公猪舍	15～20	25	13

注：引自邓丽萍，谭松林，2016。

2. 温湿度调控措施

（1）猪舍围护结构的保温隔热　用保温材料（如聚氨酯保温板、碳纤维等）对猪舍围墙、地板进行保温隔热，是提高养猪效益的重要措施。围护结构内、外两侧受到不同温度作用时，热量就会从高温一侧通过围护结构向低温一侧传递。冬季舍内热量向舍外传递，夏季热量的传递方向将随舍内外昼夜的温度变化而变化。冬季猪舍内适宜温度是以外围护结构的保温和设备采暖配合实现。

猪舍内适宜温度主要靠外围护结构的保温隔热和设备采暖、通风配合。因此要选择经济、适用的隔热材料和保（降）温设施，在防寒隔热的前提下，注意减少冬季舍内蒸汽冷凝和夏季通风设备运行负荷。

（2）猪舍采暖　采暖季猪场可依据本地气候和猪场实际条件，采用经济的加热设备、良好的建筑保温和精准通风等措施调整舍内温度。猪舍采暖形式包括地暖、暖风机、碳纤维墙（地）暖、暖气等。另外，出生仔猪需要保温箱辅助保温。

（3）猪舍降温　除自然通风外，常见的湿帘、喷雾喷淋、风机等是缓解夏季高温高湿热应激的主要措施。

3. 气流与通风　猪舍通风有利于降低湿度和促进舍内外气体交流，排出有害有毒气体。夏季通风促进对流和蒸发散热，有效防暑；冬季须控制通风量和气流速度。猪舍通风换气作用：缓和高温对猪的不良影响；排出舍内的污浊空气，引进舍外的新鲜空气；降低舍内湿度。

猪舍通风形式包括自然通风、机械通风、自然和机械混合通风。

自然通风又分为无管道自然通风和有管道自然通风两种形式，无管道通风是指经开着的门窗所进行的通风透气，适于温暖地区和寒冷地区的温暖季节。而在寒冷季节里的封闭猪舍，由于门窗紧闭，故需专用的通风管道进行换气。有管道通风系统包括进气管和排气管。

机械通风是指利用风机强制进行舍内外的空气交换，常用的机械通风有正压通风、负压通风和联合通风3种。正压通风是用风机将舍外新鲜空气强制送入舍内，使舍内气压增高，舍内污浊空气经排气口（管）自然排走的换气方法。负压通风是用风机抽出舍内的污浊空气、使舍内气压相对小于舍外，新鲜空气通过进气口（管）流入舍内而形成舍内外的空气交换。联合通风则同时进行机械送风和机械排风的通风换气方式（表1-6）。

表1-6　不同猪只风速计通风量标准

猪只类型	单个猪重量/kg	风速/(m/s)	冬季通风量/[m³/(h·头)]	春秋通风量/[m³/(h·头)]	夏季最小通风量/[m³/(h·头)]	水帘风速/(m/s)
妊娠母猪		1.5～1.8	20	68	8.12	1.8
分娩母猪		1.5	34	136	30～35	1.8
保育猪	8～15	1.2～1.6	3	25	4.3	1.8
	16～30	1.2～1.6	8	34	4.3	1.8
育肥猪	31～65	<1.0	12	42	2.17	1.8
	66～100	<1.0	17	51	2.17	1.8
公猪		1.5～1.8	24	85	30～35	1.8

注：改自邓丽萍，谭松林，2016。

4. 有害气体、尘埃和微生物控制　对于猪的有害气体主要有二氧化碳（CO_2）、氨气（NH_3）和硫化氢（H_2S）。主要由猪的排泄物沉积、废弃物未进行无害化处理和通风不畅所致。二氧化碳（CO_2）浓度不应超过0.15%（1 500 g/m³），硫化氢（H_2S）舍内空气中的含量不得超过10 mg/m³或6 mL/m³，氨气（NH_3）不得超过26 g/m³。

一般采用特定仪器设备（温湿度计、通风设备等）人工监测并控制。封闭式猪舍最好采用智能控制系统，对猪舍内温度、湿度、照度、CO_2等进行预控。如利用可编程逻辑控制器进行猪舍环境预控。

夏季北方地区正常生产的哺乳母猪舍、保育猪舍、育肥猪舍的氨气浓度较高，使用纳米光催化环境改良剂干粉处理20 min后，猪舍平均氨气浓度快速降至1.11～1.61 mg/L，哺乳母猪舍处理后72 h内保持较好的使用效果，96 h恢复至处理前氨气的浓度水平，保育猪舍与育肥猪舍处理后96 h仍然保持较好的处理效果。

5. 光照　夏季强烈的光照对体热调节不利，注意遮阳；冬季阳光有利于体热调节，猪舍设计应因地制宜，保证阳光照射。

　　光照包括光照时间和光照强度两方面。光照强度是指单位面积上所接受的可见光的能量，简称照度，单位勒克斯（lx）。光照时间增长，有利于刺激未成年公猪性腺的发育，促进性功能尽早成熟；光照时间较短或持续的黑暗环境，不利于未成年母猪生殖系统的发育，推后初情期的时间。合理的光照时间可以刺激种公猪的性欲，增加成年公猪的排精量。相同的光照时间下，光照强度的增强使得公猪射精量增加且精液密度加大，也有利于提高精液的品质。在母猪进行配种前，适当增加光照的时间，可以有效提高母猪卵巢和子宫的机能，提高受胎成功的概率；增加光照强度，也可以增加母猪产仔的数量以及初生重（表1-7）。

表1-7　不同栏舍光照标准参考

猪只类型	光照时间/h	光照强度/lx
空怀、妊娠母猪	14～16	250～300
哺乳母猪	14～16	250～300
哺乳仔猪	18～20	50～100
保育猪	16～18	110
育肥猪	10～12	50～80
种公猪	14～16	200～250

　　注：改自邓丽萍，谭松林，2016。

>>> 第二章　猪繁殖的生殖生理知识

　　猪的人工授精技术是建立在解剖学、生理学以及繁殖学等基础之上的应用技术，是前人借鉴自然繁殖规律、研究生殖生理、开展应用技术试验、生产实践检验的集合。

　　了解猪的生殖器官形态结构、器官机能、生殖规律及繁殖调控是开展人工授精的前提。解剖学是为我们提供动物机体系统、器官、细胞等形态、结构及相互关系的学科，详细了解生猪的生殖系统及其关联组织、器官的构成，是准确把握人工授精操作技术依据。

一、公猪的生殖生理

　　公猪的生殖系统主要由阴囊、睾丸、附睾、输精管、尿生殖道、副性腺、阴茎、包皮组成（图2-1）（彩图1）。

（一）阴囊

　　猪的阴囊均为袋状皮肤囊，位于肛门的下方会阴区。阴囊的生理功能主要是保护睾丸与附睾，调节温度以保持相对的恒温。

（二）睾丸

1. 形态位置　长卵圆形、左右各一，位于阴囊的两个腔内（图2-2）。

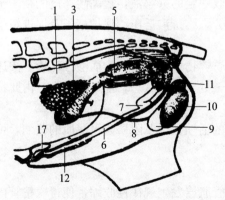

图2-1　公猪生殖器官

1. 直肠　2. 输精管壶腹　3. 精囊腺　4. 前列腺
5. 尿道球腺　6. 阴茎　7. S状弯曲　8. 输精管　9. 附睾头
10. 睾丸　11. 附睾尾　12. 阴茎游离端　13. 内包皮鞘
14. 外包皮鞘　15. 龟头　16. 尿道突起　17. 包皮憩室
注：引自北京农业大学，1989。

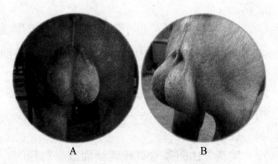

图2-2　正常公猪睾丸外观

A. 正面　B. 侧面

2. 组织结构 睾丸的表面被覆浆膜（即固有鞘膜），其下为致密结缔组织构成的白膜，白膜由睾丸的一端形成结缔组织索，伸入睾丸实质，构成睾丸纵隔，纵隔向四周发出许多放射状结缔组织小梁伸向白膜，将睾丸实质分成上百个锥形睾丸小叶。每个睾丸小叶内有 2～3 条生精小管，生精小管在近纵隔处形成直精小管，直精小管进入睾丸纵隔形成睾丸纵隔网，最后由睾丸纵隔网形成 10～30 条睾丸输出管，汇入附睾头形成附睾管。精小管之间有疏松结缔组织，内含血管、淋巴管、神经和间质细胞。

生精小管的管壁由外向内由结缔组织纤维、基膜和复层的生殖上皮构成。生殖上皮主要由生精细胞和营养细胞构成。

3. 生理功能

（1）生精机能 生精小管的生精细胞经多次分裂后最终形成精子。

（2）分泌雄性激素 位于生精小管之间的间质细胞可分泌大量雄性激素，主要是睾酮。

公猪睾丸重 900～1 000 g，每克睾丸日产精子 2 400 万～3 100 万个。一般成年种公猪一次射精量 250～500 mL，平均（350±25）mL，最高 600 mL，每毫升含 1.8 亿～3 亿个精子，精子总数 300 亿～1 000 亿个，平均 600 亿个。

（三）附睾

1. 形态位置 附睾附着于睾丸一侧的外缘，由头、体、尾三部分组成。

2. 组织结构 附睾管壁由环形肌纤维和假复层柱状纤毛上皮构成。附睾管大体可分为三部分，起始部具有长而直的静纤毛，管腔较窄，管内精子数很少；中段的静纤毛不太长，且管腔变宽，管内有较多精子存在；末端静纤毛较短，管腔很宽，充满精子。

3. 生理功能

（1）精子最后成熟的场所 由睾丸精小管产生的精子没有受精能力。精子必须在通过附睾过程中，原生质滴向后移行至尾部末端脱落，才能最后成熟。

（2）吸收和分泌作用 附睾特别是附睾头可吸收一定的分泌液，提高附睾尾的精子密度；附睾能分泌多种物质，供给精子发育所需的养分，维持渗透压、保护精子及促进精子成熟。

（3）贮存精子 由于附睾管分泌物可提供精子营养物质，附睾内为弱酸性环境，渗透压偏高，温度较低，精子代谢受到抑制，从而使精子处于休眠状态，能量消耗少，由此精子能在附睾中较长时间贮存。

（4）运输精子 由于附睾内壁上纤毛上皮细胞的活动，以及附睾管平滑肌的收缩，可将精子由附睾头运送至附睾尾。

（四）输精管

输精管由附睾管直接延续而成。射精时，输精管肌层发生规律性收缩，使得输精管内和附睾尾的精子排入尿生殖道；同时，输精管可分解、吸收死亡和老化的精子。输精管与睾丸提肌、血管、神经、淋巴管等组成精索。

（五）副性腺

精囊腺、前列腺及尿道球腺统称为副性腺。射精时它们的分泌物，加上输精管壶腹的分泌物混合在一起称为精清，并将来自附睾和输精管高密度的精子稀释，形成精液。

1. 副性腺的位置、数量与开口　见表2-1。

表2-1　副性腺的位置、数量与开口

腺体名称	数量（个）	位　置	开口位置
精囊腺	2	输精管末端的外侧	精阜
前列腺	1	尿生殖道起始部的背侧	尿生殖道内
尿道球腺	2	尿生殖道骨盆部末端	尿生殖道的背侧

2. 生理功能

（1）冲洗尿生殖道　在精子通过尿生殖道之前，以尿道球腺为主排出的少量液体先对尿生殖道进行冲洗，去掉残留的尿液，避免通过尿生殖道的精子受到残留尿液的危害。

（2）稀释精液　附睾排出的精子密度较大，通过尿生殖道时，副性腺分泌较多的液体，对精液进行稀释。

（3）运送精子　精子通过尿生殖道时，副性腺平滑肌收缩引起副性腺分泌液体，液体的带动作用，对精子的运送有一定的辅助作用。

（4）提供营养物质并活化精子　副性腺分泌液中含有丰富的营养物质，可提供给精子的营养与能量需要；同时副性腺分泌液呈偏碱性，可使处于休眠状态的精子被激活，保证精子排出到体外时有较好的活力。

（5）形成阴道栓　猪的副性腺分泌液中含有凝固因子，在配种时可形成胶状物，防止精液倒流（图2-3）。

（六）尿生殖道

雄性尿生殖道（canalis urogenitalis）是尿和精液共同的排出管道，主要作用为输送精液，分为骨盆部、阴茎部，始于尿道骨盆部，止于尿生殖道外口。

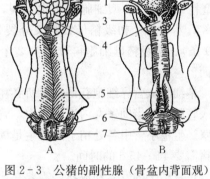

图2-3　公猪的副性腺（骨盆内背面观）

A. 公猪　B. 去势公猪

1. 输精管　2. 膀胱　3. 精囊腺　4. 前列腺
5. 尿道球腺　6. 阴茎缩肌　7. 球海绵体肌

注：引自北京农业大学，1989。

（1）骨盆部　由膀胱颈直达坐骨弓，位于骨盆底壁，为一长的圆柱形管，外包尿道肌。

（2）阴茎部　位于阴茎海绵体腹面的尿道沟内，外面包有尿道海绵体和球海绵体肌。在坐骨弓处，尿道阴茎部在左右阴茎脚之间稍膨大形成尿道球。射精时，从壶腹聚集来的精子，在尿道骨盆部与副性腺的分泌物相混合，在膀胱颈的后方，有一个小的隆起，即精阜（seminal hillock），在其顶点有壶腹和精囊腺导管的共同开口。精阜主要由海绵组织构成，它在射精时可以关闭膀胱颈，从而阻止精液流入膀胱。

（七）阴茎和包皮

1. 阴茎　是公猪的交配器官，主要由勃起组织和尿生殖道阴茎部组成。猪的龟头呈螺旋状，上有一浅的螺旋沟。

2. 包皮　是由游离皮肤凹陷而发育成的皮肤褶。在不勃起时，阴茎头位于包皮腔内，具有容纳和保护阴茎头的作用。

公猪阴茎较细，长度一般50～75厘米，直径2厘米左右。自然交配时，阴茎向左旋转穿过发情母猪肿胀的子宫颈皱褶，插入子宫颈中。公猪精子可直达母猪子宫颈部。

人工采精时阴茎状态：从采精前期、采精期到采精结束，公猪阴茎状态见彩图2。

（八）精子生成

精子（sperm）是雄性动物性腺睾丸分化出来的生殖细胞，猪的精子呈典型蝌蚪状。

精子发生以精原细胞为起点，理论上1个精原细胞生成64个精子。精子发生主要经历3个阶段4种形态（精原细胞、精母细胞、精子细胞、精子）的变化。精子的发生是在睾丸生精小管中经过一系列的特化细胞分裂而完成的。

猪生精小管的总长度超过33 m，生精小管的上皮主要由生精细胞及营养细胞组成。生精细胞的依次分裂及分化就是精子发生的过程。出生时，生精小管没有管腔，其上皮细胞包括有胚胎期间就已生成的性原细胞及未分化细胞。至初情期开始时，性原细胞成为生精细胞，而未分化的细胞则成为营养细胞。最靠近生精小管基膜的上皮细胞为精原细胞，它们分裂为A型精原细胞，也叫干细胞，其中一部分A型细胞是持续存在的，可以使精子生成延续下去，而大多数A型细胞则分裂为中间型精原细胞，然后再分裂为B型精原细胞。B型细胞经4次分裂，先生成16个初级精母细胞，这时生精小管出现管腔，然后每个初级精母细胞又分裂为较小的2个次级精母细胞，同时染色体数目减半（19条）。次级精母细胞再分裂为2个精细胞，附着在营养细胞的靠近生精小管管腔的一面。

精细胞从营养细胞获得发育所必需的营养物质，经过形态改变而最终成为64个精子，进入管腔，并借助睾丸内液体压力、管中的分泌物及睾丸输出小管上皮纤毛的摆动，进入附睾。生精小管中各处精子的发生是周期性、连续不断的。从A型精原细胞到形成精子，公猪需要44～45 d的时间。

正常精子的发生和成熟，需要在比体温低的环境中完成，公猪睾丸和附睾温度为35～36.5℃，低于直肠温度大约2.5℃。这也就是猪睾丸和附睾位于体壁阴囊中的原因。当环境温度高时，公猪睾丸提肌放松，增加阴囊褶皱以加大散热面积，降低睾丸和附睾温度；而当温度下降时，睾丸提肌收缩，使睾丸及附睾更贴近身体，以提高睾丸温度。此外，睾丸血管网在睾丸表面经过降温后回到体壁时，与动脉血管接触，也降低了动脉血温，这种温度的调节保证了生产正常精子所需要的温度条件。

（九）精子结构与形态

成熟精子的形态分头、颈、尾三个部分（图2-4）。长度为50～60 μm，表面有质膜覆盖，是含有遗传物质并有活动能力的雄性配子（图2-5）。

（1）头部　为扁卵圆形。长度约为8.5 μm，

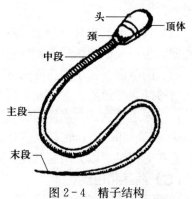

图2-4　精子结构

注：引自张忠诚，2004。

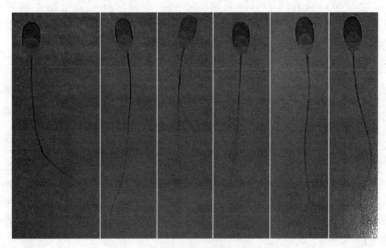

图 2-5　猪正常精子

注：引自郑友民，2013。

长、宽、厚的比例约为 8∶4∶1，因而造成精子正面似蝌蚪。从外至内分别有质膜、顶体外膜、顶体内膜、细胞核等结构。顶体外膜与内膜形成一个双层薄膜囊，内含与受精有关的各种酶类；细胞核内含遗传物质 DNA；核的前部，在质膜下为帽状双层结构的顶体（acrosome），也称核前帽。核的后部由核后帽包裹并与核前帽形成局部交叠部分，叫核环。猪的精子核与顶体之间的核膜前部形成一个锥形突起，叫做穿卵器（perforatorium），是核膜的变形体，有利于受精过程中精子入卵。顶体内含多种与受精有关的酶，它的畸形、缺损或脱落会使精子的受精能力降低或完全丧失。

（2）颈部　位于头的基部，是头和尾的连接部，也可作为精子头的一部分，是由中心小体衍生而来。精子尾部的纤丝在该部位与头相连接。颈部是精子最脆弱的部分，特别是精子在成熟、体外处理和保存过程中，某些不利因素的影响极易造成颈部断裂、头尾分离，形成无尾精子。

（3）尾部　为精子最长的部分，是精子的代谢和运动器官。精子尾部根据其结构的不同又分为中段（约 10 μm）、主段（约 30 μm）和末段（2～5 μm）。中段由颈部延伸而来，其中的纤丝外围由螺旋状的线粒体鞘膜环绕，约为 65 圈，是精子分解营养物质、产生能量的主要部分。末段最短，是中心纤丝的延伸。精子主要靠尾部的鞭索状波动，推动自身向前运动。由于精子能量来自尾的中段，头部有缺陷或损伤的精子仍可能有运动能力。

（十）精子特性

了解精子的有关特性，满足人工授精过程中的各项条件，对于精液处理、维持精子活力、提高受胎率有指导性意义。

1. 精子向浊性　是指精子有向异物边缘运动的趋向。

2. 精子向逆性　是指精子有逆流而上的趋向。

3. 感温特性　高温促进精子运动，使精子的代谢和活力增强，消耗能量加快，促使精子在短时间内死亡。低温抑制精子运动，0～15 ℃下保存时必须缓慢进行。

4. pH 7.2~7.5，弱酸性环境抑制精子运动，弱碱性环境促进精子运动。

5. 光学特性 精子密度大透光性差，密度小透光性强，利用精子对光线的吸收和透过性，采用分光光度计进行光电比色，检测精子密度。

6. 生命脆弱 精子易被各种不利因素如消毒药、光线等杀死。

精子与周围环境如精清或稀释液保持基本上等渗（压力或浓度），如果精液或稀释液的渗透压高，易使精子本身的水分脱出，造成精子皱缩；如果精清和稀释部分的渗透压低，水分就会渗入精子体内，使精子膨胀。

二、母猪的生殖生理

母猪的生殖器官为外阴（外生殖器）、阴道、子宫颈、子宫体、子宫角。母猪外生殖器长 5~8 cm、阴道长 10~15 cm、子宫颈长 10~18 cm、子宫体长约 5 cm、子宫角长 90~150 cm（彩图 3）。

(一) 卵巢

母猪的卵巢左右各一，成对存在，附着在卵巢系膜上，其附着缘上有卵巢门，血管、神经等即由此出入。

1. 形态位置 母猪卵巢的形状、大小和位置因个体及不同的生理时期而异。初生仔猪的卵巢类似肾脏，表面光滑，一般是左侧稍大，位于荐骨岬两旁稍后方；接近初情期时，卵巢稍增大，并出现许多突出于表面的小卵泡和黄体；初情期后，根据发情周期中时期的不同，卵巢上有大小不等的卵泡、红体或黄体突出于表面，凹凸不平，形似小串葡萄或桑葚。

2. 组织结构 卵巢表面覆盖着一层单层生殖上皮。在生殖上皮下面有一由致密结缔组织形成的白膜。白膜内为卵巢实质。卵巢实质可分为皮质部和髓质部。皮质部位于卵巢外围，内有许多不同发育时期的卵泡；髓质部位于内部，由结缔组织构成，含有丰富的血管、神经、淋巴管等。

3. 生理功能

(1) 卵泡发育和排卵 由卵巢生殖上皮发生而来的生殖细胞会发育成不同时期的卵泡；成熟卵泡破裂后，排出卵子，并在原卵泡处形成黄体。

(2) 分泌雌激素和孕激素 卵泡发育成熟后，其内膜细胞分泌雌激素，母猪体内雌性激素水平上升；当黄体形成后，黄体分泌孕激素。

(二) 输卵管

1. 形态位置 输卵管包在输卵管系膜内。输卵管可分为漏斗部、壶腹部和峡部三段。漏斗部为输卵管起始膨大的部分，边缘有许多不规则的皱褶；壶腹部较长，为位于漏斗部和峡部之间的膨大部分，壶腹与峡部连接处叫作壶峡连接部；峡部位于壶腹部之后。

2. 组织结构 输卵管的管壁从外向内分别为浆膜层、肌层和黏膜层。肌层可分为内层的环状或螺旋形肌束与外层的纵行肌束，其中混有斜行纤维，使整个管壁能协调收缩。黏膜层上有许多纵褶，其上皮为单层柱状上皮，上皮细胞的游离缘上有纤毛，能向子宫端颤动，有助于卵细胞的运行。

3. 生理功能

（1）运送卵子和精子 从卵巢排出的卵子进入输卵管伞部，借纤毛的运动将卵子运送到输卵管壶腹部，同时将精子反向由峡部向壶腹部运送。

（2）精子获能、受精及卵裂的场所 精子在受精前，需要有一个获能过程，输卵管是精子获能的主要部位之一。壶腹部是精子与卵子受精的场所，受精卵一边卵裂一边向峡部和子宫角运行。

（3）分泌机能 输卵管可分泌富含营养的物质，含各种氨基酸、葡萄糖、乳酸、黏蛋白和黏多糖等，它是精子、卵子及早期胚胎的营养液。

（三）子宫

1. 形态位置 子宫包括子宫角、子宫体和子宫颈三部分。猪的子宫为双角子宫。

2. 组织结构 子宫的组织结构从内向外为黏膜层、肌层及浆膜层。

3. 生理功能

（1）运输作用 发情时子宫壁平滑肌收缩能加快精子的运行，使精子尽快到达输卵管受精部位；分娩时，强有力的阵缩可排出胎儿。

（2）育胎与保胎作用 子宫可提供胚胎及胎儿的营养物质，并排出其代谢产物，妊娠时，黄体所分泌的孕酮使子宫处于有利于胎儿安全而舒适发育的环境。

（3）分泌前列腺素 如果母猪未孕，经过一定时期后，一侧子宫角内膜会分泌前列腺素，可溶解对同侧卵巢上的周期黄体，解除对促性腺激素分泌的抑制作用，垂体又大量分泌促卵泡素，引起卵泡生长发育，导致母猪发情。

（4）防御作用 母猪的子宫颈口除发情期及分娩胎儿时，一般处于关闭状态，以防异物侵入子宫腔。

（5）贮存与选择精子 母猪发情配种后，开张的子宫颈口有利于精子进入子宫。子宫颈黏膜隐窝内可积存大量精子，同时滤除质量差的精子。

（四）其他器官

1. 阴道 阴道为母猪的交配器官，又是胎儿分娩的产道。

2. 尿生殖前庭 尿生殖前庭为阴道至阴门之间的短管，前高后底，稍微倾斜。其前端腹侧有一横行的黏膜褶，称阴瓣。前庭自阴门下联合至尿道外口，尿道外口的后方两侧有前庭小腺的开口，背侧有前庭大腺的开口。

3. 阴门 阴门由左右两片阴唇构成，其上下端联合处形成阴门的上下角。在下端联合处有凸出的阴蒂，由勃起组织构成，富有神经，上联合与肛门之间部分称为会阴部。

（五）卵泡的发育

卵泡发育是指卵泡由原始卵泡发育成为初级卵泡、次级卵泡、生长卵泡和成熟卵泡的生理过程。卵巢外层的生殖细胞，在母猪进入性成熟后，在生殖激素的调节作用下，卵巢上的原始卵泡逐步发育而成熟排卵。

1. 原始卵泡 位于卵巢皮质部，是体积最小的卵泡。在胎儿期间已有大量原始卵泡作为储备，除极少数发育成熟外，其他均在发育过程中闭锁、退化而死亡。

2. 初级卵泡 由原始卵泡发育而成，其特点是卵母细胞的周围由一层立方形卵泡细胞包裹。

3. 次级卵泡　初级卵泡进一步发育，成为次级卵泡。此期卵泡位于卵巢皮质较深层。

上述三种卵泡因为都没有卵泡腔，故统称为无腔卵泡或腔前卵泡。

4. 生长卵泡　由次级卵泡进一步发育而成。在这时期，卵泡细胞分泌的液体，使卵泡细胞之间分离，并与卵母细胞之间间隙增大，形成不规则的腔隙——卵泡腔，内含卵泡液。

5. 成熟卵泡　生长卵泡进一步发育，卵泡体积及卵泡腔进一步增大，卵泡壁变薄，并形成卵泡内膜与卵泡外膜，卵泡腔内充满液体，内有一个卵丘结构，上有卵母细胞。

（六）卵母细胞的结构

猪的卵母细胞（也称卵子）呈球形，从外至内由放射冠、透明带、卵黄膜及卵黄等结构组成（图 2-6）。

1. 放射冠　卵子外围由卵泡细胞及冠细胞呈放射状排列，故名放射冠。放射冠细胞在卵子发生过程中起营养供给作用，在排卵后与输卵管伞协同作用，有助于卵子进入输卵管伞。

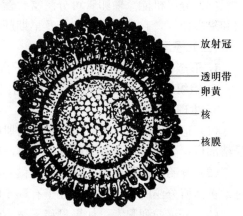

图 2-6　卵母细胞（卵子）结构模式图
注：引自张忠诚，2004。

2. 透明带　位于放射冠和卵黄膜之间的一层均质半透明膜，其作用主要是保护卵子，对精子有选择作用，可以阻止多精子进入卵黄间隙，还具有无机盐离子的交换和代谢作用。

3. 卵黄膜　透明带内包被卵黄的一层薄膜，由两层磷脂质分子组成。卵黄膜的作用是保护卵子，防止多精子受精，可使卵子有选择性地吸收无机盐离子和代谢物质。

4. 卵黄　位于透明带内部的结构，外被卵黄膜，内有线粒体、高尔基体、核蛋白体、多核糖体、脂肪滴、糖原等结构，主要为卵子发育和胚胎早期发育提供营养物质。

5. 卵核　位于卵黄内，由核膜、核糖核酸等组成。刚排卵后的卵核处于第二次减数分裂中期状态，染色质呈分散状态。受精前，核浓缩成染色体状态，雌性的主要遗传物质就分布在核内。

三、受精与发育

（一）受精过程

受精（fertilization）是指公、母猪交配或人工授精后，精子和卵子自发融合成为受精卵（合子）的过程。在胚胎学方面，受精是卵子受到精子的激活而卵裂。没有受精的刺激，卵子就不能正常地开始卵裂，也就没有胚胎的发育和新生命的产生。在遗传学方面，受精是将父本的遗传物质（DNA）引入卵子，使父本与母体二者的遗传性状能在新个体中表现出来。因此，两性细胞核在配子配合过程中的融合，可以认为是受精的主要过程。不仅在自然选择过程中可以促进物种的进化，而且可以通过人为选择，培育出很多新的优良品种。

1. 受精要件

受精必须具有三个条件：精卵运行到壶腹、精子获能、生殖管道通畅。

（1）精子必须输送到受精部位与卵子相遇　部分精子从子宫体游动 2～3 h 到达受精部位输卵管，在输卵管上 1/3 处与卵子结合；部分精子留在子宫膜腺体隐窝，多数被巨噬细胞吞噬。研究表明，猪的数亿到数百亿个精子中，最终只有 10～20 个成功与卵子结合，形成新的生命体；母猪卵泡 11 万个，排卵数 400～2 000 枚，每个情期排卵 20～30 枚，最多 60 枚。经产母猪每次排卵一般 20～30 枚，高者 40 枚以上，产仔一般 10～20 头。母猪一般在发情后 36～72 h 排卵，持续 4～6 h；卵子 30～45 min 到达壶腹（驻存最多 8 h），此时卵子活力最强；最佳的受孕效果是在排卵前 12 h 进行输精。

不同交配方式下，精子到达的部位与时间不同。自然交配时，精液到达部位是子宫体，到达受精部位（输卵管）时间快的 15～30 min，大部分需要 2～3 h。在子宫与输卵管连接部或输卵管峡部生存 24～48 h，甚至 70～72 h。人工授精时，精液到达部位为人工输精部位，如子宫体、子宫角，到达时间缩短。

卵子在输卵管运行到达受精部位需几分钟到几小时不等。卵子从伞部到达壶腹部的时间为 6～12 h。从输卵管伞底部至壶腹部的前半段运行很快，仅需 3.5～6 min，然后在壶峡结合部内滞留。通过峡部的卵子如未受精，即迅速退化。卵子的受精寿命比精子短，一般不超过 24 h（表 2-2）。

表 2-2　猪的精子和卵子生理参数

射精量/mL	一次射精的精子总数/（×10⁷ 个）	精子最快运行到受精部位的时间/min	到达受精部位的精子数/个	受精寿命/h	卵子在输卵管内的寿命/h
100～300	3 000～6 000	15～30	1 000	24～72	20

（2）精子获能　精子获能是精卵结合的前提。精子在离开生殖道时，还不能立即与卵子受精，它必须经历一系列生理生化及形态的变化才能获得受精能力，这种生理现象称之为获能。精子获能大致可区分为 3 步：超活化或超激活（hyperactivated motility，HAM）、获能（capacitation）、顶体反应（arcosomal reaction）。

① 超活化　激活精子鞭毛运动的频率及其类型发生改变。其特征为头部侧向曲线运动，鞭打幅度加宽和沿星状自旋轨道运动。

② 获能　精子膜结构及其特征的精细改变，以促进顶体外膜和质膜之间的融合。

③ 顶体反应　精子质膜和顶体外膜相互融合，形成囊泡化，使顶体内含物逸出顶体，顶体反应表示精子获能已经完成。

精子获能的方法分为体内获能和体外获能两种。自然情况下，精子获能是在母猪生殖道内进行，自宫颈开始，经历子宫和输卵管，最后完成于输卵管壶腹部。体外获能总体包括两个步骤：

① 精子的洗涤　目的是减少或去除精浆内前列腺素、免疫活性细胞、细菌和碎片，减少精液的黏稠度，以促进精子获能。常用的洗涤处理方法有浮游法、Percoll 密度梯度分离法和直接洗涤法。

② 精子的体外获能处理　诱导精子体外获能和顶体反应的物质有肝素、孕酮、咖啡因、Ca^{2+}载体、高离子强度液、血清白蛋白等。

（3）生殖管道通畅　生殖道及周边器官感染发炎，输卵管扭曲粘连等，均可造成输卵管堵塞，阻碍精子与受精卵的通行，导致不孕。当输卵管发炎时，输卵管的峡部及伞端容易发生粘连而造成管腔狭窄或闭锁，导致生殖管道异常，影响精卵相遇。

2. 受精过程

一般情况下，受精时精子依次穿过卵子外围的放射冠细胞、透明带和卵黄膜三层结构，进入卵子之后，精子核形成雄原核，卵核形成雌原核，然后配子配合，完成受精（图2-7）。

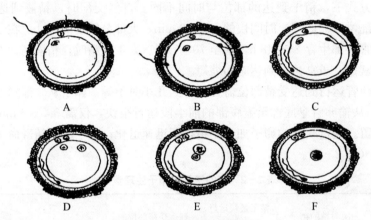

图2-7　猪的精卵受精过程

A. 精子接触到透明带，此时卵母细胞处于成熟分裂Ⅱ的中期，第一极体已排到卵黄周隙　B. 精子穿过透明带与卵黄膜接触，引起透明带反应　C. 精子进入卵黄内　D. 雄原核和雌原核发育，第二极体释放到卵黄周隙　E. 原核进一步发育，雄原核比雌原核大，两相靠拢　F. 受精完成，原核经融合形成二倍体的合子

注：引自李青旺，2001。

（1）精子溶解放射冠　受精前大量精子包围着卵子，获能精子与卵子放射冠细胞一接触便发生顶体反应，顶体内释放出透明质酸酶和顶体素，以溶解放射冠细胞的胶样基质，使精子接近透明带。精子的浓度对溶解放射冠具有重大意义，这是由于精子浓度大时，可以产生更多的透明质酸酶；但浓度过大时，则使卵子完全溶解，失去受精能力。

（2）精子穿过透明带　当穿过放射冠精子的头部接触透明带时，头部的顶体释放使透明带的质膜软化的酶，溶解出一条通道，使精子钻过透明带进入卵黄间隙。

（3）精子进入卵黄膜　精子在卵黄间隙游动一段时间后，卵黄膜上的微绒毛先抓住精子头部，然后精子质膜和卵黄膜破裂，并相互融合成统一的膜，将精子包裹起来，精子即进入卵黄膜之内。精子一旦进入卵黄膜，便在精子头部上方的卵黄膜上形成一个突起，从而导致卵黄膜的结构发生改变，阻止了其他精子进入卵黄膜，防止多精子受精，这种多精子入卵阻滞作用称为卵黄膜的封闭作用。该阶段卵子对精子的选择非常严格，通常仅有一个精子进入卵黄膜参与受精作用。

（4）原核形成　精子进入卵子后，引起卵黄紧缩，精子头部浓缩的核发生膨胀，尾部脱落，核仁核膜形成，形成雄性原核。与此同时，卵子进入第二次成熟分裂，抛出第二极体，形成雌性原核。

（5）配子配合　雌原核和雄原核在充分发育后，向卵中央移动并相遇接触，体积迅速缩小，合并在一起，核仁核膜消失，雌、雄两组染色体合并成一组。从两个原核的彼此接触到两组染色体的结合过程称为配子配合，至此受精结束。从精子进入卵子到合子形成，猪一般经历 12～24 h。

（二）胚胎的早期发育与胚胎附植

1. 胚胎的早期发育　指受精卵从第一次卵裂至发育成原肠胚的过程。根据早期胚胎发育的特点，可将胚胎早期发育过程分为桑葚期、囊胚期和原肠期三个阶段。

（1）桑葚期　从受精卵开始细胞分裂（卵裂）至形成 16～32 个卵裂球的时期。此时，透明带内的卵裂球密集成一团，形似桑葚，故称桑葚胚。对 8 细胞以前的胚胎施行胚胎分割，每一个细胞均有可能发育成为新个体。

（2）囊胚期　桑葚胚进一步发育，逐渐在细胞团中形成充满液体的囊腔（囊胚腔），此时的胚胎称囊胚。随着囊胚腔的扩大，多数细胞被挤在腔的一端，称内细胞团，将来发育成胎儿；而另一部分细胞构成囊胚腔的壁，称滋养层，以后发育为胎膜和胎盘。

（3）原肠期　囊胚继续发育，出现内胚层和外胚层，此时的胚胎称为原肠胚。原肠胚形成后，在内胚层和滋养层之间出现了中胚层（图 2-8）。

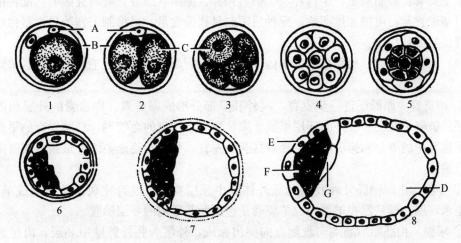

图 2-8　受精卵的发育

1. 合子（受精卵单细胞期）　2. 二细胞期　3. 四细胞期　4. 八细胞期　5. 桑葚胚　6～8. 囊胚期
A. 极体　B. 透明带　C. 卵裂球　D. 囊胚腔　E. 滋养层　F. 内细胞团　G. 内胚层
注：引自张忠诚，2004。

2. 胚胎附植　早期胚胎在子宫内游离一段时间后，体积逐渐增大，在子宫内的位置固定下来，胚胎的滋养层逐渐与子宫内膜产生组织和生理联系的过程，称为胚胎附植。

（1）猪胚胎的附植着床时间　排卵后 14～16 h 发生第一次卵裂，22～24 h 发生第二次卵裂，46～48 h 向子宫侧移动，6 d 前后透明带消失，12～13 d 受精卵在子宫壁上开始着床，24 d 前后着床完成。

精子与卵子在输卵管的壶腹部受精形成受精卵，受精卵呈游离状态，不断向子宫游动，到达子宫系膜的对侧上，在它周围形成胎盘。这个过程容易受到各种不利因素的影响，如热应激、饲养管理不当等，是胚胎的第一死亡高峰期。胚胎在妊娠早期死亡后被子宫吸收称为化胎。胚胎附植后，逐渐从母体血液中获得生长发育所需要的各种营养物质，并建立胎盘血液循环系统，使代谢产物通过母体血液排出体外。

（2）附植部位　胚胎在子宫内的附植部位是最有利于胚胎发育的地方。猪的多个胚胎，平均等距离分布在两侧子宫角内附植。

（3）胚胎着床条件　胚胎着床需要经过定位、黏附、侵入 3 个过程以实现继续妊娠。成功的植入需要同发育的正常胚胎、容受性的内膜及胚胎和母体不断进行相互对话来实现。

子宫内膜容受性可定义为子宫内膜能够允许胚胎着床的接受性状态，这个状态只在黄体期持续短暂的时间，这个短暂的时期称为种植窗。子宫内膜是下丘脑—垂体—卵巢轴的终端器官，内膜的容受性不仅是合适的激素刺激的问题，胚胎或者母体表达的大量生长因子、黏附因子、同源框基因和细胞因子等，也都在种植窗的调控及种植过程中起着重要作用。

研究表明，子宫内膜状态的稳定性直接影响着受精卵的着床。因此，配种后 4 周内，应给予母猪较低标准的日粮，提供适宜修养保胎的环境，避免应激造成不良影响。影响着床因素主要有：胚胎质量、子宫环境、饲料饲养、健康状态等。有研究表明，配种前适当提高母猪采食量，可增加排卵数；配种后限制母猪采食量，可抑制子宫特异性蛋白质的分泌、降低胚胎死亡率。

（4）胎膜的组成　胎膜是胎儿本体以外的几层附属膜，包括绒毛膜、尿膜、羊膜、卵黄囊。

① 卵黄囊　原肠胚进一步发育，其外胚层部分形成卵黄囊。卵黄囊的外层和内层分别由胚外脏壁中胚层和胚外内胚层形成。卵黄囊上有稠密的血管网，胚胎发育的早期借以吸收子宫乳中的养分和排出废物。随着尿囊的发育，卵黄囊逐渐萎缩，最后只在脐带中留下一点遗迹。

② 羊膜　由腹侧胚外外胚层和胚外体壁中胚层构成，发育完成的羊膜形成羊膜囊，内含羊水，胎儿即悬浮在羊水内。羊膜囊是包围胎儿最内的一层胎膜。

③ 尿膜　由胚胎后肠端向腹侧方向突出而成，外层为胚外脏壁中胚层，内层为胚外内胚层。最后尿膜与绒毛膜融合形成尿膜绒毛膜，成为胎盘的胎儿部分。尿囊内含有尿水。

④ 绒毛膜　绒毛膜是胎膜的最外层，包围着胚胎和其他胎膜，其外表面被覆着绒毛。

四、生殖激素及其主要功能

生殖激素是对生殖有直接作用的激素。

（一）生殖激素的分类

1. 根据生殖激素的来源分类

（1）脑部激素　这类激素主要来源于下丘脑与脑垂体。下丘脑主要分泌释放激素，与生殖关系较大的有促性腺素释放激素与催产素；脑垂体主要分泌促性腺激素，与生殖活动关系密切的有促卵泡素、促黄体与促乳素。

（2）性腺激素　这类激素主要由公猪的睾丸与母猪的卵巢分泌。睾丸主要分泌雄性激素，卵巢主要分泌雌性激素、孕激素、松弛素。

（3）胎盘激素　胎盘可分泌多种激素，与生殖关系较密切的主要有孕马血清促性腺激素、人绒毛膜促性腺激素。

（4）前列腺素　主要由子宫内膜分泌。前列腺素种类较多，与生殖关系较密切的主要有 PGF 与 PGE 类。

（5）外激素　外激素中有一些激素称性外激素，与猪的性活动有关。

2. 根据化学性质分类

（1）蛋白质、多肽类激素　此类激素其化学结构为肽链结构，脑部激素大多属于此类。

（2）类固醇类激素　其化学结构为类固醇结构，性腺激素多属此类。

（3）脂肪酸类激素　此类激素的化学结构为脂肪酸类，前列腺素多属此类。

（二）生殖激素的作用特点

（1）特异性　各种生殖激素一般只对其靶器官或靶细胞产生作用。

（2）速消性　生殖激素在动物机体中活性丧失很快，但其作用具有持续性和积累性。

（3）高效性　微量的生殖激素即可产生巨大的生物学效应。

（4）时效性　生殖激素的生物学效应与动物所处的生理时期及激素的用量和使用方法有关。

（5）互联性　生殖激素之间有的具有协同作用，有的则具有颉颃作用。

（6）同一性　分子结构类似的生殖激素，一般具有类似的生物学活性。

（三）主要的生殖激素

1. 促性腺激素释放激素（GnRH）

（1）来源与特性　主要由下丘脑的特异性神经核合成，是一种十肽激素。

（2）生理作用　对公猪有促进精子发生和增强性欲的作用，对母猪有诱导发情、排卵及提高配种受胎率的作用。

（3）应用

① 治疗公猪性欲减弱，精液品质下降。

② 诱导母猪发情排卵。

③ 治疗母猪卵泡囊肿和排卵异常等症。

④ 提高配种受胎率　在母猪发情配种时，注射促性腺激素释放激素，可明显提高配种受胎率。

2. 催产素（OXT）

（1）来源与特性　由下丘脑合成，在神经垂体中贮存并释放的激素。

（2）生理作用

① 排乳作用　可以刺激乳腺上皮细胞收缩，引起乳腺管状系统收缩，导致乳腺排乳。

② 催产作用　可以刺激子宫壁平滑肌收缩；母猪分娩时，催产素水平升高，使子宫阵缩增强，迫使胎儿娩出。产后仔猪吮乳可加强子宫收缩，有利于胎衣排出和子宫复原。

③ 溶黄作用　可以刺激子宫分泌前列腺素，引起黄体溶解而诱导发情。

（3）应用　催产素常用于促进分娩、治疗胎衣不下、子宫脱出、产后子宫出血和子宫内容物（如恶露、子宫积脓等）的排出等。

3. 促卵泡素（FSH）

（1）来源与特性　由腺垂体前叶嗜碱性细胞所分泌，是一种糖蛋白激素。

（2）生理作用　对公猪，主要是促进生精上皮发育和精子的形成；对母猪，主要是刺激卵泡生长和发育，在促黄体素的协同作用下，刺激卵泡成熟并排卵。

（3）应用　在动物生产及兽医临床上，促卵泡素常用于诱导母猪发情排卵、超数排卵和治疗卵巢机能疾病等。

4. 促黄体素（LH）

（1）来源与特性　由腺垂体前叶嗜碱性细胞分泌，也是一种糖蛋白激素。

（2）生理作用　对公猪，促黄体素可刺激睾丸间质细胞分泌睾酮，对精子的最后成熟起决定性作用；对母猪，促黄体素可促使卵巢血流加速，在促卵泡素作用的基础上引起排卵，促进黄体的生成，并维持黄体分泌孕酮。

（3）应用

① 在生产中，促黄体素用于治疗卵泡囊肿、排卵延迟、黄体发育不全等症。

② 促卵泡素与促黄体素合用可治疗卵巢功能静止或卵泡中途萎缩等疾病。

5. 促乳素（LTH）

（1）来源与特性　由腺垂体前叶嗜酸性的促乳素细胞分泌，是一种糖蛋白激素。

（2）生理作用

① 能刺激乳腺发育，促进乳汁生成，维持乳腺的泌乳功能。

② 促使黄体分泌孕激素。

③ 能增强母猪的繁殖功能与雌性行为。

④ 分泌水平较高时，可以抑制性腺机能发育。

⑤ 对公猪，可维持个体分泌睾酮，并与雌性激素协同作用刺激副性腺的发育。

6. 孕马血清促性腺激素（PMSG）

（1）来源与分泌规律　主要存在于妊娠母马的血清中。从妊娠38～40 d开始分泌，妊娠60～120 d时浓度最高，此后逐渐下降，到170 d时基本消失。

（2）生理作用

① 具有类似促卵泡素和促黄体素的双重活性，以促卵泡素为主。

② 对公猪能促使精小管发育和性细胞分化。

（3）应用　孕马血清促性腺激素是一种经济实用的促性腺激素，在生产上常用以代替昂贵的促卵泡素，广泛应用于猪的诱导发情、超数排卵，在临床上对卵巢发育不全、临床机能减退、长期不发情、公猪性欲不强和生精机能减退等都具有很好的效果。

7. 人绒毛膜促性腺激素（HCG）

（1）来源与分泌规律　人绒毛膜促性腺激素主要是由人类和灵长类动物妊娠早期的胎盘绒毛膜滋养层细胞分泌，存在于血液并可经尿液排出体外。人绒毛膜促性腺激素约在受孕第8天开始分泌，妊娠第8～9周时升至最高，第21～22周时降至最低。

（2）生理作用　人绒毛膜促性腺激素的活性与促黄体素的作用很相似，在临床上常用于替代促黄体素。

（3）应用

① 刺激母猪卵泡成熟和排卵。

② 与 FSH 或 PMSG 结合使用，以提高同期发情和超数排卵的效果。

③ 治疗公猪睾丸发育不良、性欲减退和母猪的排卵延迟、卵泡囊肿以及孕酮下降所引起的习惯性流产等。

8. 雄激素（A）

（1）来源与特性　主要是由睾丸间质细胞分泌产生，雄激素中最主要的形式为睾酮。

（2）生理作用

① 对幼年时期的公猪，雄激素对刺激生殖器官、副性腺和第二性征的发育具有重要作用。

② 对于成年公猪，雄激素可刺激精小管发育，有利于精子的生成。

③ 维持公猪的性欲。

④ 延长附睾中精子的寿命。

（3）应用　雄激素在临床上主要用来治疗公猪性欲不强和性机能减退，常用的雄激素为丙酸睾酮。

9. 雌激素（E）

（1）来源与特性　主要来源于卵泡内膜细胞和卵泡颗粒细胞；此外，肾上腺皮质、胎盘和睾丸也可分泌少量的雌激素。雌激素的主要功能形式是雌二醇。

（2）生理作用

① 促进乳腺管状系统发育。

② 促使母猪发情表现和生殖管道的变化。

③ 促进母猪第二性征的发育。

④ 促进母猪生殖器官的发育。

⑤ 大量的雌激素可造成公猪睾丸萎缩，副性器官退化，出现不育。

（3）应用　雌激素在临床上主要配合其他激素用于诱导母猪发情、人工刺激泌乳、治疗胎盘滞留、人工流产等，也可用于对公猪进行化学去势。

10. 孕激素（P）

（1）来源与特性　主要由卵巢上的黄体分泌；此外，胎盘也可分泌孕激素。孕激素的种类很多，以孕酮（黄体酮）为其主要功能形式。

（2）生理作用

① 促进子宫黏膜层加厚，腺体分泌活动增强，有利于胚胎早期发育。

② 抑制子宫壁平滑肌收缩，保持一个稳定的宫内环境，维持妊娠。

③ 促进子宫颈口收缩，子宫颈黏液变黏稠，形成子宫栓，有利于保胎。

④ 促进母猪生殖道的发育。

⑤ 促进乳腺泡状系统发育。

（3）应用　孕激素主要用于治疗因黄体机能失调而引起的习惯性流产，诱导发情和同期发情等。

11. 松弛素（PLX）　主要来源于妊娠后期的黄体，子宫和胎盘也可产生。其主要功能是使骨盆韧带及耻骨联合松弛，使子宫颈口开张，以利于分娩时期胎儿产出。

12. 前列腺素（PG）

（1）来源与特性　是一种不饱和脂肪酸，几乎存在于机体的所有组织和体液中，主要来源于子宫内膜，精液、母体胎盘、下丘脑也可产生。在各类型的前列腺中，以 PGF2α 对生殖影响最大。

（2）PGF2α 的生理作用　溶解黄体，使黄体退化；促进排卵；刺激子宫和输卵管平滑肌收缩。

（3）应用　诱发流产和分娩，用于诱导发情和同期发情，治疗母猪卵巢囊肿及子宫疾病，促进排卵。

13. 外激素　能够引起动物性行为的外激素一般称为性外激素。性外激素可用于训练公猪的采精训练、母猪的诱导发情及仔猪的寄养。

五、影响受精率的因素

精子的数量、质量和母猪排卵数及受精时机是决定猪受精成功与否、数量多少的主要因素。

（一）精子数量与质量

自然交配精子数量一般数百亿个，有相关研究表明，30 亿～50 亿个精子已能保证较高的受胎率，因此常规人工授精精子数要求是≥30 亿个。深部输精 2 亿～10 亿个，出生仔猪数量差异不大。精子活力等性能指标达标，生存能力强，则受精有保障。

（二）卵子的数量与母猪排卵数量

卵子数量与排卵数量有关，母猪发情卵巢上一般会有十几枚至几十枚卵产生，随着发育过程，因促卵泡素分泌量有限，发育较差的卵泡萎缩，最后达到成熟排卵的通常在10～20 枚。排卵数量越多，形成合子的机会越多，产出的仔猪就越多。母猪排卵的数量与其卵巢内环境密切相关，受品种、年龄、胎次、营养水平等因素影响。

我国地方品种母猪排卵平均数量比国外品种多，可能与促性腺激素合成和释放的品种差异有关。据报道，中国猪种的排卵数，初产和经产排卵均比国外品种多 3～4 枚；但就中国猪种而言，品种间的差别也很大。例如，太湖猪是我国乃至全世界猪种中繁殖力最强，产仔数量最多的优良品种之一，尤以二花脸猪、梅山猪最高。产区育种场，初产母猪平均产仔 12.14 头，二胎 14.48 头，三胎及三胎以上平均 15.83 头。各类群之间差异不显著。太湖猪的高繁殖性能与其性器官、性机能发育早密切相关。小母猪首次发情日龄，二花脸猪平均为 64 d、体重 15 kg。母猪在一个情期内的排卵数，二花脸猪 4 月龄为 17.33 枚，8 月龄 26.0 枚；枫泾猪 8 月龄 16.7 枚，成年时达 31 枚；成年嘉兴黑猪平均为 25.68 枚；梅山猪 29 枚。现今由于条件改良，二花脸猪、梅山猪的经产母猪平均可达 16 头以上，三胎以上每胎可产 20 头，优秀母猪窝产仔数达 26 头，最高纪录产过 42 头。太湖猪护仔性强，泌乳力高，起卧谨慎；仔猪哺育率及育成率较高。

一般初产猪排卵数少，经产猪排卵数多。有关统计分析表明，一般 2～6 胎期间，产仔数有逐渐增加的趋势，而 6 胎以后，尤其是 8 胎以后，排卵数呈现逐渐减少的趋势。

（三）受精时机

卵母细胞在卵巢中的储备有限，即母猪终生产卵有限。母猪的发情一般持续 3～5 d，但排卵往往在发情的后期。因此，要把握最佳配种时机，根据种猪生殖生理特点确定适宜的输配时间。

母猪一般在发情后 24～36 h 排卵，排卵持续时间 10～15 h，卵子在输卵管中 8～10 h有受精能力；精子在母猪生殖道经 6～8 h 游动到输卵管，在输卵管一般存活 24～36 h。一般应在母猪排卵前 6～8 h，即发情后 20～30 h 输精，但不同年龄阶段的输配时间应做适当调整，遵循行业谚语"老配早，少配晚，不老不少配中间"（图 2 - 9）。

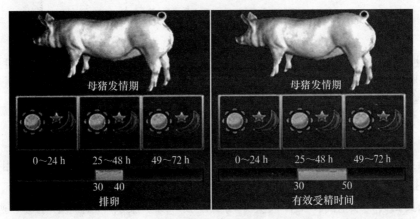

图 2 - 9　母猪发情期排卵和有效受精时间

第三章　精液的采集、检测与分装

第一节　采精前准备

采精前将采精场所打扫干净，喷洒 0.1‰ 高锰酸钾等无挥发性气味的消毒液进行消毒，室内采精也可使用紫外线进行照射消毒。采精前准备主要有：人员准备、采精室准备、实验室准备等。

一、人员准备

1. 人员培训　采精、实验室及各环节有关人员均由经过专业培训、具有相关技术职称或职业技能资格的人员担任。

2. 人员到岗　采精前，工作人员穿戴工作服（防护服）、工作鞋、手套，进行个人、工作环境、器械等的清理消毒，并做好各项准备工作。

二、采精室准备

采精室主要配置：假母台、防滑垫、安全栏、清洗槽等（图 3-1）。

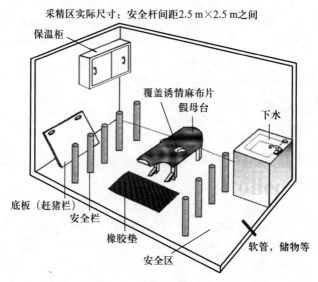

采精区实际尺寸：安全杆间距2.5 m×2.5 m之间

保温柜

覆盖诱情麻布片
假母台

下水

底板（赶猪栏）

安全栏

橡胶垫

安全区

软管，储物等

图 3-1　采精室及主要配置

理想的采精场所同时设有室外和室内采精场，并与人工授精操作室和公猪舍相连。

1. 采精台的准备 台畜是采精时供公猪爬跨用的台架，有真台畜和假台畜之分。真台畜是指使用母猪、阉猪或另一头种公猪作台畜。真台畜应健康、体壮、大小适中、性情温驯、无恶癖。使用母猪做台畜时选用发情的母猪比较理想；经过训练的公、母猪也可作台畜。假台畜是模仿母猪高低和大小，选用金属材料或木料做成，外部包裹结实的面料或皮革，要求包裹后的假台畜没有突出的棱角，防止刺伤公猪。

2. 采精栏的准备 将采精栏地面及周围冲洗干净，固定好假母台，调整好高度，并将撒有母猪尿液的麻布等覆盖在假母台上。

三、实验室准备

1. 实验室材料准备 采精前保证实验室设备完好，器械消毒、预温；准备好稀释液、采精杯、精液检查等设备及材料。稀释液用具及耗材包括稀释水（双蒸水或纯净水）、带刻度的大量杯 2～3 L（两个以上）、蒸馏水、稀释粉、电子秤、玻璃棒或磁力搅拌器、搅拌桶等。

稀释精液应选用纯度高的水，如蒸馏水、纯水、双蒸水等。纯度级别由高到低的顺序是：超纯水、去离子水、双蒸水、纯水（反渗透纯水机过滤的水）、蒸馏水。常用双蒸水或超纯水。稀释用水可从市场购买或用双蒸水机、超纯制水机自制（图 3-2）。

图 3-2 用磁力搅拌器将精液与稀释液混匀

2. 采精器材的洗涤与消毒

传统的洗涤剂是 2‰～3‰ 的碳酸氢钠或 1‰～1.5‰ 的碳酸钠溶液，在洗涤时要冲洗干净，防止器材上洗涤剂残留影响精液品质。具体消毒方法因各种器材质地不同而异：

（1）玻璃器材 采用电热鼓风干燥箱进行高温干燥消毒，要求温度为 130～150 ℃，并保持 20～30 min，待温度降至 60 ℃ 以下时，才可开箱取出使用。也可采用高压蒸汽消毒，维持 20 min。

（2）橡胶制品 一般采用 75% 酒精棉球擦拭消毒，最好再用 95% 的酒精棉球擦拭一次，以加速挥发残留在橡胶上面的水分和酒精，然后用生理盐水反复冲洗三次。猪用的输精胶管可放入煮沸的开水中浸煮 3～5 min，然后用生理盐水反复冲洗。

（3）金属器械 可先用消毒溶液浸泡，最后用生理盐水反复冲洗干净。也可用 75% 的酒精棉球擦拭消毒。

（4）溶液 如润滑剂和生理盐水等，装在容器内煮沸 20～30 min；用高压蒸汽消毒，消毒时为避免玻璃瓶爆裂，瓶盖要取去或插上大号注射针头，瓶口用纱布包扎。

（5）其他用品 如药棉、纱布、棉塞、毛巾、软木塞等，可采用隔水蒸煮消毒或高压蒸汽消毒。

3. 采精杯的准备 先在专用保温杯内装入 1 个一次性采精袋，再在杯口覆两层精液过滤专用滤纸，两层滤纸旋转 90°重叠，对折出 270°折痕，在该折痕处重叠收回，折成漏斗状，再用橡皮筋固定在杯口，滤纸中心最低处凹陷 2 cm 左右，制好后放在 38～39 ℃恒温干燥箱或自制预热箱里进行采精前预热。主要流程为套袋→加滤纸→加盖→预热。现在有的品牌的采精袋自带滤纸，直接用橡皮筋固定在杯口即可。

四、稀释液配制

1. 稀释粉 按照稀释粉使用保存期限需求，购置或自行配制稀释粉。购置稀释粉注意从信誉好的厂家或商家选购，同时根据需求确定短效（3）、中效（3～5 d）、长效（5～8 d）、超长效（7～14 d）型等。稀释粉也可由葡萄糖、柠檬酸钠、抗生素、EDTA 等成分自行配制。

采精用具与耗材：集精杯、滤纸、采精袋、橡皮筋、采精手套、消毒纸巾等。

恒温与检测设备：温度计、水浴锅、恒温箱、冰箱、显微镜等。

各项设备准备完好，水浴箱（锅）提前预温，并按照采精计划需求备好蒸馏水、双蒸水或纯净水等。

2. 稀释液的配制流程 采精前 2 h 备好稀释液。

（1）将蒸馏水或双蒸水倒入容器内并称量核准；

（2）按需求加入适量稀释粉；

（3）将稀释液置于磁力搅拌器或用磁力棒手工进行搅拌，使稀释粉与蒸馏水均匀混合。

五、公猪的准备

1. 种公猪采精前的消毒 公猪在采精前先用温水清洗阴茎和包皮及其周围腹壁，然后用 0.01%高锰酸钾溶液消毒清洗过的部位，再用温水或稀释液冲洗。

2. 挑选适合采精的公猪 按照品种、年龄、间隔时间等，准备公猪采精登记表（表 3 - 1）。

表 3 - 1　公猪采精登记表

日期	公猪号	采精量	精子密度	精子活率	稀释份数	稀释液量	采精员	精液去向	备注

前述准备工作完成后，技术人员即可将采精必要器材、工具、耗材等送到采精室备用，采精室如与实验室相连可用传递窗传递；如采精室与实验室相距较远，可用运载工具协助运送。随后由专人或自行将种公猪引领入采精栏（图 3 - 3）。

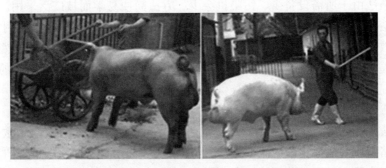

图 3-3　技术人员引导公猪进采精室

领入采精栏后关闭栏门，诱导公猪嗅拱母猪台，用手抚摸公猪的阴部和腹部，刺激公猪提高性欲，当公猪性欲达到旺盛时，会主动爬上假母台，并伸出阴茎龟头来回抽动，此时需采精员及时抓住公猪阴茎头，将集精杯适时移至阴茎头准备采精。

第二节　采　精

采精（semen collection）即收集精液。猪的采精法有手握法、电刺激法、假阴道法、自动采精和气动传输等。普通商品猪场一般采用手握采精，人工授精中心或大型现代化猪场人工授精站一般手握法、假阴道法、电刺激法等都有使用。

一、手握采精

一手带双层手套，另一手持集精杯，用温生理盐水清洗腹部和包皮，公猪伸出阴茎时，脱去外层手套，用手紧握伸出的螺旋状龟头，顺其向前冲力将阴茎的 S 状弯曲拉直，收集精液于集精杯的一次性采精袋。

1. 手握采精程序

（1）指引公猪进采精室；

（2）用棍棒敲击台猪等方式吸引公猪爬跨；

（3）采精员反复按摩爬跨公猪的包皮囊，刺激公猪性欲；

（4）采精员戴双层手套，对公猪阴囊进行清洗消毒；

（5）采精员牵引公猪的阴茎头，露出长度适宜时，适时锁住公猪阴茎头并进一步牵拉阴茎；

（6）挤掉采精前几把含有尿液或污物的精液；

（7）正式采精一般每头次可到 200～300 mL，每头次大约需要 5 min；

（8）采精结束，公猪阴茎头缩回包皮囊；

（9）采精完成后贴上种猪标签并传递到实验室，进入检测、稀释程序。

2. 精液传递

精液传递方式有 2 种：采精室与实验室之间的传递窗传送与保温箱传送。例如，传递窗用于采精室和实验室之间传递精液，单向开闭，避免实验室和采精室之间的交叉感染（彩图 4）。

徒手采精法由于所需设备少、污染机会少、方法简便易学而被广泛采用。大多采用同侧手徒手采精法，也有发现采用对侧手（即在公猪右侧用左手，在左侧用右手）徒手采精比用同侧手效果要好的报道；优点是对侧手采精时可使公猪阴茎保持与自然伸出方向相同，有利于提高采精量，采精员可用肩靠住公猪后腿部分，对公猪起到一定的控制作用。

二、电刺激采精

电刺激法采精法（electroejaculation of semen collection）是利用电刺激采精仪的电流，刺激公猪射精并进行精液收集的方法。电刺激法采精的装置称为电刺激采精仪，由电刺激发生器和直肠探子两部分组成。电刺激发生器由交流变压器、电流表、电压调节器、变频器、电源开关等部件组成；直肠探子可用小塑料管制成，探子上装有电极，电极与电刺激发生器插座用电线相连。

1. 电刺激采精技术原理 通过脉冲电流刺激生殖器，引起性兴奋并射精、采精。电刺激模仿了在自然射精过程中，神经和肌肉对神经纤维介导的化合物反应的生理学反射。公猪电刺激采精一般由 2 人操作，一人操作电刺激仪，一人采精。

2. 电刺激采精流程

（1）连接电源线和电极线；

（2）开启电源开关，调节输出电压；

（3）在电极棒上涂抹润滑剂；

（4）将电极棒插入直肠后，打开电刺激按钮，进行间隔或无间隔刺激；

（5）当公猪有排精表现时，立即将集精杯口移至阴茎口下方，接取精液。

具体操作方法参照使用说明书进行（图 3-4）。

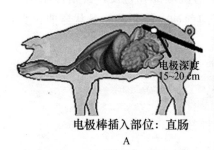
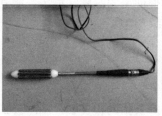

图 3-4 电刺激采精器及其电刺激部位

A. 电极插入公猪的部位 B. 采精器的电极棒 C. 电刺激采精器

电刺激采精操作应根据需要设定电压与刺激频率（1 或 2 次），生产上目前已经有使用。关键是要做好电极棒的清洗与消毒，棒上均匀涂抹润滑剂后插入肛门内 15～20 cm 处，插入直肠的位置与角度要准确，力度适宜。

三、假阴道采精法

假阴道（artificial vagina）（又称胶管）是一筒状结构，主要由外壳、内胎、集精杯及其附件组成。筒长约 20 cm，直径 4 cm。再用一个直径 4～5 cm、宽 1 cm 的金属小圆圈，将食品级橡胶管的两端从内翻出 3~4 cm，成为一个圆筒，紧紧束缚在外壳上。外筒有一注水孔，经过注水孔注入 45~50 ℃的温水，使假阴道内的温度维持在 38~40 ℃。假阴道一端为阴茎插入口，另一端装一个胶管漏斗，将公畜射出的精液输送到集精杯内。

1. 假阴道使用方法　采精时，当公猪爬跨上台猪伸出阴茎后，采精员手握住胶管，套上公猪阴茎，深度以公猪阴茎龟头插到平于小拇指外缘为止。手握要紧，但不要使公猪有痛感。握住公猪阴茎后，阴茎还要外伸，可让它充分伸出。采精员的手要握紧公猪的阴茎，并有节奏地一松一紧地加压，以增加公猪的快感，增加射精量，当公猪射精时应握紧不动，另一只手轻轻托牢公猪阴茎基部，防止阴茎与台猪接触而擦伤。

2. 假阴道的改进

（1）挪威式假阴道　目前使用较广，其在假阴道内层添加了一个螺旋环，增加公猪阴茎在假阴道中的阻力，好像人的手指锁住公猪阴茎头部一样，使得射精更充分。在假阴道的进口端加 Y 形裂缝泡沫塑料盖，可减少或避免杂菌污染。

（2）畜试式假阴道　畜试式假阴道是根据仿生学原理，用橡胶做成一个一头粗一头细的圆管方便公猪阴茎的插入，这种假阴道可以让公猪体会到最自然的交配感觉，可有效减轻工作人员在采精时的压力。

四、气压式机械采精法

气压式机械采精器的主要工作装置是在假母猪体内设自控恒温装置、电动气压装置和假阴道。该采精器是在学习上海市电动机械采精的基础上，按采精三要素——温度、压力和条件反射的要求设计而成（图 3-5）。

假阴道充气装置由阴道铝管、羊内胎、漏斗状阴道口组成。此外，有电气设备控制器，控制电源开关和温度、压力的

图 3-5　气压式机械采精器示意图

1. 红外线灯　2. 自控恒温器　3. 散热板　4. 气压起搏器　5. 双连球送气器　6. 假阴道铝管　7. 漏斗状阴道口　8. 护精管　9. 集精杯　10. 假母猪架

调节。采精时，接通电源，假母猪内温度可保持 38 ℃，与母猪体温相等。假阴道内壁涂上润滑剂，通过双连球送气器送气后，使阴道气室层膨起，阴道内壁周围紧贴，公猪阴茎进入假阴道后，启动电动气压起搏器，通过双连球压迫假阴道气室层的气流，使假阴道内壁产生有节奏的搏动。这样，假阴道有适宜的温度、压力，公猪能得到较切实的生物实体感。

五、自动采精和气动传输

以法国 IMV 卡苏公司 Collectis 自动采精和气动传输系统为例，介绍自动采精实操技术。Collectis 自动采精系统采精流程：身份识别、连接器件、自动采精、气动传送（彩图 5）。

1. 身份识别　Collectis 自动采精系统装有自动识别系统，对采精员、被采精公猪、条形码等进行扫描识别，只有通过扫描识别，方可进入下一个采精环节。

2. 连接器件　采精员只需将相关器件连接好，将公猪阴茎导入输精管，即可进入自动采精。

3. 自动采精　自动采精无需采精员扶助，一人可同时兼顾采集2～3头公猪的精液，采精的同时也可做血样采集。在减少采精员劳动强度的同时，还降低了公猪对采精员进行人身攻击的风险。

4. 气动传送　采精室和实验室互联，采精完成后，取下精液袋，装入传输瓶，封闭瓶盖，将传输瓶嵌入气动传输管道口，启动按钮，精液瞬间被送到实验室，进入检测等项流程。

此外，封闭式采精减少细菌对精液的污染，从源头提升了精液品质。

第三节　精液质量检验与控制

精液的处理是在精液品质检查分析的基础上，根据所获得的有关参数，进行稀释、保存、冷冻和运输。精液常规检查包括一般性状检查和显微镜检查（表3-2）。

表3-2　公猪精液常规检查记录表

公猪耳号	采精时间	颜色	气味	体积（mL）	活力	畸形率（%）	结论	建议

一、精液分析

精液分析是对精子功能在各项品质检测基础上的评判，主要目的在于确定精液品质的优劣，快速准确地确定其受精能力，以此作为稀释、保存、分输的依据。其次，也反映种公猪饲养管理水平和生殖器官的机能状态，以及精液在稀释、保存、冷冻和运输过程中的品质变化及处理效果，作为改进的依据。要创造条件，尽量检测更多指标，助于综合了解精子的受精能力，提高人工授精效率。

现行评定精液品质的方法主要有外观检查法、显微镜检查法、生物化学法等。无论哪一种检查法，都必须以受精力高低为依据。

精液在稀释前需对颜色、气味、体积、精子活力及形态等性状进行检测。一般可以用显微镜进行密度、活力及精子畸形率测定，通常在测定精子畸形率时会结合染色方法。条件较好的单位可使用分光光度计或专用的精子密度仪进行密度测定。

常规检测方法，如精液的颜色、气味、pH、精液量、精子的密度、精子的运动能力、形态和活率等；荧光染色技术可以对精子的微观功能进行检测，包括质膜完整性、获能状态和顶体状态等，联合使用荧光染料，还可以同时检测精子几种功能指标；而流式细胞仪（flow cytometry，FCM）的应用，可以在短时间内分析大量的经荧光标记的精子，以及微生物污染情况；计算机辅助精子分析系统（computer assisted sperm analysis，CASA）可以检测精子活力和形态学上的特征，避免了光学显微镜评估的主观性和可变性缺点；通过检测精子与透明带或输卵管上皮的附着、精子穿透卵母细胞的能力，可以获得精子更真实的受精能力信息。

根据检测方法可分为感观检查、显微镜微观检测、密度仪、计算机辅助分析、荧光染色检测等。

感观检查内容包括射精量、色泽、气味、pH 等，微观检测内容包括精子活力、密度、功能等。

精子密度的测定最常用的方法是血细胞计数器，计算虽然比较准确，但费工费时，在生产条件下不便采精后都做检查。现在已经有了自动化程度很高的专门仪器，将分光光度计、电脑处理机、数字显示或打印机匹配，只要将一滴精液加入分光光度计中，就可以很快得到所需的精子密度和精子总数。

1. 外观常规检查　成年公猪每周采精 2～3 次，每次采精同时进行色泽、气味初步检查，采精完成后立即送实验室进行进一步检查、检测。

（1）射精量　采精量采精后将集精瓶中的精液在等温的环境下，盛装在有刻度的试管或精液瓶中，可量测出公猪的采精量。

评定公猪的正常射精量不能只凭一次采精量来衡量，而应以一定时间内多次采精总量的平均数为依据。公猪的新鲜精液量（平均每次射精量）应在 150～500 mL（可用重量来计算，1 g 相当于 1 mL）；精量过多可能混有尿液或副性腺有炎症，过少说明采精方法不当或公猪生精能力降低。

（2）色泽　猪精液中含有淀粉状半透明胶状物，正常情况下呈淡乳白色或淡灰白色，在本交时形成子宫栓，防止精液倒流。人工授精应在采精时用纱布将胶状物滤除。精液颜色发生异常，说明公猪的生殖器官有疾患。如精液呈浅绿色可能混有脓液；呈淡红色可能混有血液；呈淡黄色可能混有尿液。一般在采精同时可直接观察到精液颜色，如精液呈现为乳白色且无杂质即可初步判断为正常。

（3）气味　正常精液无臭味，略带有腥味。检查时用手轻轻煽动精液容器上方的空气，同时用鼻子嗅出精液的气味。如果精液异常，则会有臭味。

（4）密度　云雾状是精子运动活跃的表现。云雾状明显可用"＋＋＋"表示；较明显可用"＋＋"表示；不明显用"＋"表示。

通过精液的外观检查如色泽，可初步判断精子密度，呈乳白色说明精子密度大，乳白程度越高说明浓度越高，相反则说明精子密度低。精准数据则需要专业设备检测。

（5）pH　将 pH 试纸浸在精液中片刻，也可以可用滴管吸取一滴精液滴在试纸上，1 min 后与标准比色板对比，确定 pH。也可用 pH 计测量（pH 计使用见说明书）。正常精液的 pH 在 6.8～7.8。

2. 显微镜微观检查　显微镜主要检测精子活力、形态等，同时可配合多项功能检测。

（1）精子活力　精子活力（sperm motility）是指精液中呈直线前进运动的精子数占总精子数的百分比。

精子活力是精液品质的重要指标。精子的运动方式有摆动、旋转、曲线前进和直线前进运动几种。其中只有直线前进运动的精子才具有正常的生存和受精能力，称有效精子。

一般在采精后、精液处理前后、输精前都应进行精子活力检查。将精液轻轻摇动或用洁净的玻璃棒搅动，用微量移液器或玻璃棒取精液 10 μL，放于预温后载玻片中央，盖上盖玻片，在载物台上预温片刻，用推进器将载玻片推至物镜下，在 100 和 400 倍下进行观察（计算机辅助设备特殊的放大倍数除外）。

精子活力一般采用十级评分法来表示，即按精子直线运动占视野中精子的估计百分比来表示。若精子100%呈直线前进运动，则评为1.0；90%即为0.9，依此类推。公猪的鲜精精子活率一般为70%～80%，冷冻精液30%。

（2）精子畸形率　畸形率指形态和结构不正常的精子占总精子数的百分率。卷尾、双尾、折尾、无尾、大头、小头、长头、双头、大颈、长颈等均为畸形精子。一般400～600倍镜检（彩图6）。

后备公猪的最初几次射精必须进行形态检查，以后每个月检查一次，正常使用的种公猪应最少每季度进行一次畸形率测定。

用伊红、龙胆紫或纯蓝、红墨水等染色剂染色3 min，并在显微镜400倍下观察，计算出畸形精子的百分率，畸形率不应高于20%，否则会影响到正常的受胎率。也可用相差显微镜直接观察活精子的畸形率。

（3）密度检查　精子密度（sperm concentration）指每毫升精液中所含的精子数。精子密度也称精子浓度。目前测定精子密度的主要方法有目测法、密度仪法、血细胞计数法、光电比色法、计算机辅助精子分析等。正常的全份精液的密度在2亿～3亿个/mL。每月必须对每头公猪的精子进行一次密度测定。一般猪场可根据精液色泽初步判断精子密度；有条件可用计数板计数测定密度，也可用比色仪进行密度测定。最适用的方法为精子密度仪法和CASA法。二者使用方便，检查所需时间短，重复性好，结果比较准确，是目前人工授精中测定精子密度最适用的方法。

① 目测法　目测法指显微镜下视野内精子分布的稠密和稀疏程度，大致分密、中、稀3级（图3-6）。

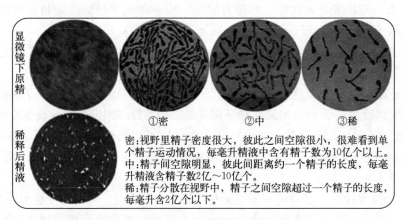

图3-6　猪精液稀释后显微镜视野密度

② 密度仪　精子密度仪是一种专门用于测量悬浮液中细胞密度的小型易用工具，适于测量所有类型的细胞增长率。常用的精子密度仪如猪乐道密度分析仪、韩国seminark智能精子密度仪、葡萄牙V11精子密度仪、德国米尼图SpermCue精子密度仪等。

A. 猪乐道（ZOOLAND）精子密度仪　检测程度见彩图7。

B. iSperm精液品质分析仪　是中国台湾Aidmics亿观科技研究所研发的一款猪精子检

测仪器，包含 200 倍高倍率与微米分辨率的显微镜，生物微流芯片与种猪精子分析 App 等。

iSperm 精液检测简便快捷，主要流程：精液测试瓶插入光源棒→将光源棒旋入仪器背侧的显微镜套筒→借助仪器键盘将相关信息输入仪器→拍照或录影模式观察直观精子影像信息→查询、显示检测信息。

C. 美国 DVM 密度仪　根据分光光度计原理，通过样本与对照液透光度的比较，检测精液密度。DVM 密度仪检测方法为：打开仪器→取 1 mL 稀释液放置于试管→将稀释液试管插入密度仪→取出试管吸取 25 μL 精液样品→将精液样品加入试管→混合精液与稀释液→将混匀的精液与稀释液试管放入密度仪→根据显示结果，查找数据对照表，获取每毫升精子数量。

D. 德国米尼图 SpermCue 精子密度仪　直接将原精滴在专用检测片上，即可检测并读取相应数据，检测时间 2~3 s。

E. 丹麦 NucleoCounter SP-100 精子密度仪　通过内置荧光显微镜探测精子细胞核所发信号直接测量精子密度。系统包括 NucleoCounter SP-100 荧光显微镜，含有染色剂的 SP-Cassette 及用于精液稀释和样品准备的 S100 试剂，另有 SemenView 软件和打印机接口。

③ 血细胞计数板　血细胞计数板（hemocytometer）是一块特制的厚型载玻片，载玻片上有四个槽构成三个平台。中间的平台较宽，其中间又被一短横槽分隔成两半，每个半边上面各刻有一小方格网，每个方格网共分九个大方格，中央的一大方格作为计数用，称为计数区。计数区的刻度有两种：一种是计数区分为 16 个中方格（大方格用三线隔开），而每个中方格又分成 25 个小方格；另一种是一个计数区分成 25 个中方格（中方格之间用双线分开），而每个中方格又分成 16 个小方格。但是不管计数区是哪一种构造，它们都有一个共同特点，即计数区都由 400 个小方格组成。计数区边长为 1 mm，则计数区的面积为 1 mm²，每个小方格的面积为 1/400 mm²。盖上盖玻片后，计数区的高度为 0.1 mm，所以每个计数区的体积为 0.1 mm³，每个小方格的体积为 1/4 000 mm³。检测方法如图 3-7 所示。

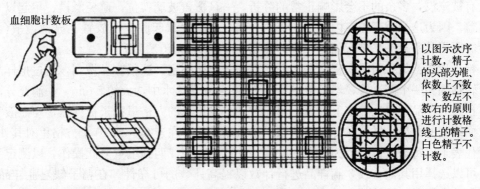

以图示次序计数，精子的头部为准、依数上不数下、数左不数右的原则进行计数格线上的精子。白色精子不计数。

图 3-7　血细胞计数板检测计数方法

④ Makler 精子计数板计数　Makler 精子计数板是全球唯一具有 FDA 认证，并被 WHO 官方认可的精子计数板（图 3-8）。目前在多国得到应用。

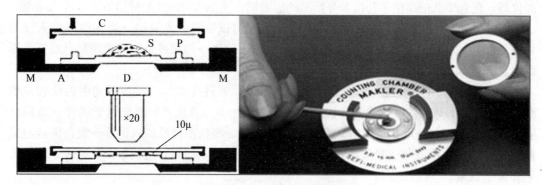

图 3-8　Makler 精子计数板

Makler 精子计数板（腔室）是一种方便精子计数的设备，用于快速精确的精子计数、活动性和形态学评价，可使用未稀释的样品。计数板包括两部分：

下面的主要部分有一个金属基底（A）和两个把手（H）。在基底的中心有一个光学平玻璃制的平盘（D），样品放置其上。在平盘周围有四个针（P）。它们的尖端比平盘高 10 μm。

上面部分是覆盖玻璃（C），被一个金属环环绕。在它的下表面中心有一个 1 mm^2 的格子，被分成 100 个方格，每个是 0.1 mm×0.1 mm。当覆盖玻璃放置在四个针上时，在一行上的 10 个方格包围的空间就是 1 mL 的百万分之一。因此，在 10 个方格里的精子数量代表着以×10^6 万个/mL 为单位的浓度。

腔室的准备：在把样品放在平盘上之前，确保相对表面彻底清洁且无尘，因为大多数颗粒的尺寸大于玻璃间的狭小空间。为了此目的，用镜头纸擦两个表面。清洁度可以通过把覆盖玻璃放置到四个针上，观察四个接触点彩色边纹（Newton 现象）来检查。对着荧光灯可以看到最好的效果。

精液分析的方法：充分混合样品，注意避免产生气泡。通过木棒或移液器的帮助，在平盘中心区域放置一小滴。用手指拿起覆盖玻璃黑色点的相反面，并立即放在四根针上。轻柔按下，再次观察彩色边纹。液滴会在平盘的整个区域扩散成厚度 10 μm 的薄层。只要针没有被淹没，多余的不会影响正常的分析。一旦覆盖玻璃就位，避免触摸、抬起以及再次覆盖。因为这会改变腔室内精子的平均分布。用把手拿起腔室并放置在显微镜平台上。可能需要用腔室夹头来进行固定。推荐使用 20×物镜和 10×目镜。

精子计数：如果精子太密集和活动，首先需要被固定。这很容易做到，通过把样品一部分转移到另一个测试管，然后测试管插入 50～60 ℃热水中，大约 5 min。一滴充分混合的、预热的样品放置在腔室上并盖上覆盖玻璃。在格子的方格里精子被计数，与血液学中计数血细胞的方法一样。在此精子的数量是最重要的，在连续一列 10 个方格里对其计数。数量代表了以每毫升百万个为单位的浓度。在其他一列或两列里重复此操作，以测定平均值。可以选择用其他 2 或 3 滴样品进行计数以提高计数的可靠性。在精子缺乏症样品中，推荐在整个格子区域计数。

活动性评价：推荐在样品准备好 3～5 min 之内进行活动性评价，以避免从周边移动过来的精子的干扰。计数 9 或 16 格内所有不能动的精子。然后计数相同区域内能动的精子且评估移动等级+1 到+4。在格子的另一个区域重复此过程，以及另外 3 到 4 滴样品并计算平均值。这样的评估比原始载玻片上的要精确很多，因为那里精子被盖玻片压缩且活动性被损害。Makler 精子计数板提供了标准条件，对所有分析样品精子都可以在一个光滑的水平面自由移动。

形态学：快速精子形态学评价可以从一个湿的未染色的样品进行，其包含固定的精子。推荐使用一个相差显微镜。在格子的一个特定区域计数所有正常和不正常精子，且从其他样品重复此过程以达到总计数 200。显然，精子缺乏症样品扫描的精子数可以更低。

⑤ 比色计、光电比色计与分光光度计 均可进行精子密度检测。

A. 比色计（colorimeter） 用比色计目视样品与标准溶液，进行色阶比较的比色法属于目视比色法（visual colorimetry），设备相对简单、操作也较简便，但准确度较低。如果将比色计与计算机连接，可提高对色彩的分析及处理能力。

B. 光电比色计（photoelectric colorimeter） 光电比色法是测定精子密度的一种简便方法，适用于除去胶样物的精液。测定精液样品时，只要将原精液按一定比例稀释，根据其透光度查对精子查数表，即可得出精液样品的精子密度。其原理是精液中精子越多，其透光性越低。使用光电比色计通过反射光和透射光检验，能准确测定精液中精子的密度。

使用光电比色计检测前，需先绘制成查数表，其方法是：将原精液稀释成不同比例，并以血细胞计数器测定各种稀释比例的精子密度，制成标准管，再用光电比色计测定已知精子密度的各种标准透光度，求出相差 1‰透光率的级差精子数，根据其不同透光度与其对应的精子数，制成精子查数表，也可绘成曲线图。测定精液样品时，只要将原精液按一定比例稀释，根据其透光度查对精子查数表，即可得出精液样品的精子密度。与目视比色法相比，光电比色法消除了主观误差，提高了测量准确度。但光电比色计结构（由光源、滤光片、比色皿、光电检测器、放大和显示等六部分组成）与检测步骤较目视比色计复杂。

C. 分光光度计（spectrophotometer） 分光光度计又称光谱仪（spectrometer），主要由光源、单色器、样品室、检测器、信号处理器和显示与存储系统组成。分光光度计外观结构（如 721A 型分光光度计）比光电比色计复杂，检测精子密度前机器调试相对麻烦，具体操作方法参照使用说明书。721A 型分光光度计结构见图 3-9。

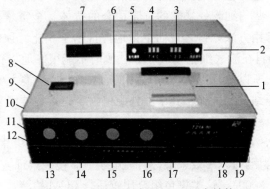

图 3-9　分光光度计 721A 型基本结构

1. 试样室盖　2. 浓度调节　3. 小数点键　4. TAC 键　5. 消光调节　6. 仪器盖板　7. 显示器　8. 波长观察室　9. K 值调节　10. 消光粗调　11. 零位粗调　12. 波长调校窗口　13. 光亮粗调　14. 波长选择　15. 波光度零位粗调　16. 光亮细调　17. 吸收池架拉杆　18. 电源指示灯　19. 电源开关

使用光度计式精子密度仪时，一般凝聚的精子也被算到其中，所以密度值偏高。

⑥ 以色列 SQA 系列全自动精子质量分析　主要操作流程：采集精液→加入样品→显微镜检测→图像分析→打印报告等（图 3-10）。

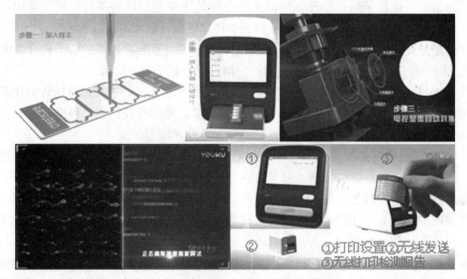

图 3-10　以色列 SQA 系列全自动精子质量分析

二、质量检验

通过荧光染色技术可以对精子的微观功能进行检测，包括质膜完整性、获能状态和顶体状态等；联合使用荧光染料，还可以同时检测精子几种功能指标。

（一）顶体染色检测

精子要穿过透明带必须有正常的顶体，顶体异常通常伴随顶体酶质和量的改变，故精子顶体完整性与精子功能相关，也是精子功能指标之一。

目前对顶体的状态进行检测的荧光探针主要有两类。一类主要是金霉素（chlortetra-cycline，CTC）以及一些与细胞外暴露的抗原结合的抗体。金霉素（CTC）顶体染色法，是荧光显微镜检测的常用方法，可客观而定量地评价精子获能、顶体反应（Das Gupta et al.，1993），但这种染料在流式细胞（FCM）检测时不能很好地将获能与未获能的精子分开，而且样品要固定，所以 CTC 染色法不适用于 FCM。另一类主要是外源植物凝集素及一些与精子内顶体抗原结合的抗体，其中的外源植物凝集素常被用来评价顶体的状态。现在用得较多的是异硫氰酸荧光素（fluorescein isothiocyanate，FITC）与豌豆凝集素（pisum sativum lectin，PSA）、花生凝集素（PNA）或伴刀豆凝集素（ConA）结合使用。其中 PNA 和 PSA 较常用，PNA 效果最好。经电子显微镜观察证实，PNA 能特异结合顶体外膜（Szasz et al.，2000）。这类染色组合比较适合 FCM 检测。

对精子顶体状态进行检测时，死亡降解的精子也会出现顶体丢失，因而检测顶体反应必须同时检测精子的活力，即要联合应用检测顶体状态和检测精子活力的荧光染料。

目前对精子顶体状态的检测主要是应用精子活力染料 PI（或 Hoechst 33258、EthD-

1）和 FITC - PNA 标记后，在荧光显微镜下，碘化丙啶（propidium iodide，PI）标记死精子的细胞核呈现红色荧光，可以区分死精子与活精子，而发生顶体反应或顶体膜破损的精子又可被 FITC - PNA 标记，呈现绿色顶体，从而区分出精子顶体的完整性；也可进行 FCM 检测，其结果 PI$^+$（阳性）为死精子；PI/PNA$^+$（PI 阴性/PNA 阳性）为顶体反应活精子；PI/PNA（PI 阴性/PNA 阴性）为顶体完整的活精子。

Olympus DP73 是一款 1 730 万像素的显微镜——Olympus 专用制冷彩色数码照相装置。采用了像素移位技术，14Bit A/D、4 种 Binning 模式。可进行高解析度、高敏感度的高速数据传输。使用 Olympus 成像软件 OLYMPUS Stream（彩图 8）。利用 Olympus-DP73 摄制的猪精子见彩图 9。

（二）精子质膜完整性检测

精子质膜是精子的基本组成部分。质膜的破裂会引起细胞内代谢酶、ATP 等组分的流失，最终导致精子死亡（Graham and Moce，2005）。因此，质膜在维持完整的细胞内环境和保持精子活力上起着重要作用。目前能够用来对精子质膜完整性进行检测的染料很多，根据染色后的荧光性可分为非荧光染料和荧光染料两大类。

（1）非荧光染料　非荧光染料对精子质膜完整性进行检测的染色组合主要包括伊红-苯胺黑（eosin - nigrosin）染色、伊红-苯胺蓝（eosin - aniline blue）染色和台盼蓝（锥虫蓝）-吉姆萨（trypan blue - giemsa）染色等。

（2）荧光染料　检测精子质膜完整性的荧光染料根据染色原理的不同又可分为两类：死精子特异性荧光染料和活精子特异性荧光染料。

① 死精子特异性荧光染料　原理是当精子质膜具有完整的功能时，染料不能进入精子内部，精子不能发出荧光；当精子的质膜受损时，染料才能进入精子内部与 DNA 结合发出荧光。死精子特异性荧光染料主要包括碘化丙啶（PI）、bisbenzimide（Hoechst 33258）、溴化乙啶（ethidium bromide，EB）、溴乙啡啶二聚体（ethidium homodimer - 1，EthD - 1）和 Yo - Pro - 1 等，其中 PI 最为常用。

② 活精子特异性荧光染料　膜通透性的染料，能进入细胞膜完整的精子。主要包括烟酸己可碱 33342（Hoechst 33342）、SYBR - 14、羧基荧光素双醋酸盐（carboxy fluorescein diacetate，CFDA）、羧基二甲基荧光素双醋酸盐（carboxy dimethyl fluorescein diacetate，CMFDA）、Carboxy - SNARF - 1 和 SYTO - 17 等。

精子质膜是覆盖于整个精子表面上的一层完整的膜，其在精子上分为三个不同的区域：覆盖于顶体外膜区域上的质膜、覆盖于精子头部非顶体区的质膜以及覆盖于尾部中段和主段部分的质膜，因此对精子不同部位质膜完整性的检测就需要不同的分析方法。传统染色，如伊红-苯胺黑染色和伊红-苯胺蓝染色等，和荧光染色，如碘化丙啶、溴化乙啶、4′,6-二脒基-2-苯基吲哚（4′,6 - diamidino - 2 - phenylindole，DAPI）和 Hoechst 33258 等，只能通过精子头部的非顶体覆盖区进入精子与精子 DNA 结合发生染色反应。它们只能检测覆盖于精子头部非顶体区质膜的完整性，而不能够检测覆盖于顶体外膜和尾部中段以及主段部分质膜的完整性，因而对于精子质膜完整性的检测是不完整的。

目前对于覆盖于精子尾部主段上质膜完整性的检测可以通过精子的低渗肿胀试验（hypo - osmotic swelling test，HOST）进行（Jeyendran et al.，1984；Neild et al.，

2000；Colenbrander et al.，2003）。低渗肿胀试验法的原理是在低渗溶液中，具有生物活性的精子质膜会使水分子进入质膜中，直到精子胞质内环境和外环境达到平衡为止。由于水的内流，精子尾部的质膜就要向外周膨胀并且尾部的鞭毛会发生弯曲。通过相差显微镜就可以观测到精子质膜对低渗液的反应。但是如果精子损伤或者质膜失去生物活性就会允许液体自由通过质膜，在胞质内不会积聚液体从而不会出现明显的肿胀和尾部弯曲。HOST方法简单、迅速，对检验质膜的完整性非常实用。通常将覆盖于顶体外膜区域上质膜完整性的检测与顶体外膜完整性的检测联合起来进行。对于顶体外膜的检测，可以利用荧光和非荧光染料用显微镜和流式细胞仪等进行检测（Cross and Meizel，1989；Graham，2001；Colenbrander et al.，2003；Silva and Gadella，2006）。

目前主要采用SYBR-14和PI的联合染色再加上HOST对精子质膜进行检测。同时，精子活力通常采用SYBR-14和PI染色法（Garner et al.，1994；1995）进行检测。

（三）线粒体功能检测

线粒体的功能状态对精子起着重要作用，因为精子的运动能力与线粒体的活性密切相关，整个精子代谢所需的能量主要由线粒体提供（Graham and Moce，2005）。线粒体活性的改变会影响精子的能量潜力（Ericsson et al.，1993；Gravance et al.，2000；vander Giezen and Tovar，2005），因此线粒体的功能状态是精子功能质量的一个关键指标。

活精子的线粒体上存在着跨膜电位，因此对线粒体活性的检测主要检测线粒体的跨膜电位变化。目前检测精子线粒体活性的荧光探针主要有R123（Rhodamine123）、MITO（MitoTracker Green FM）和JC-1（$5,5',6,6'$-tetrachloro-$1,1',3,3'$-tetraethyl benzimidazolyl-carbocyanine iodide）等。

R123是一种能渗透入细胞且带阳离子的荧光探针，发绿色荧光，当用R123孵育线粒体正常的精子时，R123能渗透入细胞并沉积在细胞的线粒体上发出绿色荧光，如果精子线粒体损坏则不会发绿色荧光。R123可检测精子线粒体有无功能，但不能区别线粒体膜电位的高低。

MITO是一种新型线粒体探针，其原理是MITO在水溶液中并不发荧光，而当积聚在线粒体内，不论其膜电位如何皆发绿色荧光。

JC-1在检测精子线粒体膜电位方面具有重要作用，在精子线粒体膜电位低时，JC-1以单体形式存在，发绿色荧光；当膜电位高时，形成二聚体，发橙色荧光（Garner et al.，1997）。JC-1染色的特异性最好，仅在线粒体部位发黄色或绿色荧光，而R123在精子头部和尾部均有非特异性染色，MITO在精子头部有非特异性染色。目前认为JC-1是检测精子线粒体功能最适合的荧光探针。

（四）获能和顶体检测

评判精子功能的另一个重要指标是精子的获能状态。精子膜的获能状态改变很容易引起顶体反应的提前发生及精子受精能力的丧失（Harrison，1996；Maxwell and Johnson，1999）。尤其在精液冷冻过程中，温度、渗透压和冷冻稀释剂等因素会破坏精子膜和精子结构的稳定性，引起精子的获能状态变化（Watson，1996；Maxwell and Johnson，1997）。

目前主要采用金霉素（CTC）对精子进行获能检测。CTC染色可以检测精子质膜的稳定程度。CTC进入精子后可以结合游离的钙离子（Ca^{2+}），这些$CTC-Ca^{2+}$复合物能够结合在质膜的疏水区并且在荧光显微镜下激发出黄绿色荧光。除了能够确定顶体的状态，CTC染色能够区分获能和未获能的精子。在CTC染色后，精子表现出3种荧光类型：①F型，整个精子头部有均一荧光，为未获能、顶体完整的精子；②B型，精子头部顶体后区，在靠近尾部的部分无荧光或非常弱的荧光，而头前部为均一荧光，为获能且顶体完整的精子；③AR型，整个精子头部无荧光或非常弱的荧光，为顶体不完整的精子，即发生了顶体反应的精子或顶体缺损的精子。

(五) 精子染色质完整性的检测

精子染色质结构完整性对于精确传递遗传物质至关重要。精子核高度致密，其DNA与鱼精蛋白紧密结合，这样可以将公猪遗传信息准确无误地导入卵母细胞中，继而传给后代。在自然环境中有许多因素可以导致畸形精子的产生，如各种有毒的药剂以及阴囊内温度的偏差等。而在精液保存过程，特别是冷冻过程，对精子染色质结构的完整性也会造成损伤。异常染色质的结构会导致受精后胚胎发育的异常，最终会对母猪的妊娠率及产仔率产生影响。因此，对精子染色质结构完整性的检测也是评估精子质量的重要指标之一。

测定精子的染色质完整性，目前主要使用吖啶橙（acridine orange，AO）染色方法进行染色质结构试验（SCSA）。其原理是DNA的变性位点具有感光性，用异源性的染料AO染色，在荧光的激发下，可以看到插入没变性的双链DNA的AO染料发绿色荧光，而与变性的单链DNA结合的AO染料发红色荧光。SCSA是一种比较灵敏的试验，用SCSA来确定DNA的变性程度，可以作为预测精子受精能力的一种手段。

其次还可以利用单细胞凝胶电泳或称为彗星试验来检测精子DNA损伤程度。试验原理：DNA损伤后会影响其高级结构，使其超螺旋松散。这种细胞经过试验中细胞原位裂解、DNA解链等过程后，电泳时损伤的DNA从核中溢出，朝阳极方向泳动，产生一个尾状带，而未损伤的DNA部分保持球形，二者共同形成"慧星"。在一定范围内，"慧星"的长度（代表DNA迁移距离）和经荧光染色后"慧星"荧光强度（代表DNA的量）与DNA损伤程度具有相关性，这样就可以定量检测精子中的DNA损伤。

(六) 卵母细胞结合能力和受精

透明带结合检测用于判断精子与卵母细胞结合的能力。精子结合到透明带上是受精的关键步骤。因此，精子结合到同种透明带上的能力可能用于预测精子受精能力。由于透明带结合是由受体和配体介导的，所以透明带结合检测是检测精子分子水平上的损伤，而这是常规精子检测分析技术无法实现的（Holst et al.，2001）。目前检测精子结合透明带能力有两种方法：一种是使用卵母细胞（透明带结合检测，zona binding assay，ZBA），另外一种是利用分离出的半透明带（半透明带检测，hemizona binding assay，HZA）（Ivanova et al.，1999）。

在ZBA中，使用屠宰场的卵巢分离出卵母细胞与精子共同培养（Holst et al.，2000），然后使用相差显微镜或者荧光显微镜计算结合到透明带上的精子数量。这种检测方法的缺点是不同卵母细胞与精子结合存在差异，所以需要大量的卵母细胞和多次重复来消除差异（Holst et al.，2000）。而这些差异可以部分通过HZA来克服。在HZA中，利用显微操作方法将卵母细胞切割成两半，并去掉细胞质。然后两半透明带分别与对照组和实验组的精液样本孵育，最后使用相差显微镜计算结合的精子数量（Ivanova et al.，

1999）。HZA 的优点是可以比较对照组和实验组精子的结合能力，而且透明带可以冷藏和冷冻保存。新鲜精液和冷冻精液都可以使用 HZA 方法（Mastromonaco et al.，2002）。但是，HZA 的缺点是费时和需要复杂的技术（Holst et al.，2001）。

（七）体外受精检测

一些哺乳动物的成熟卵母细胞体外受精（*in vitro* fertilization，IVF）技术已经很成熟。因此，利用 IVF 技术来检测精子对卵母细胞的体外受精能力，更接近体内的受精过程，能更好检测出精子的真实质量水平。但是，IVF 技术存在费时费力、试验条件复杂以及成本过高等缺点。

三、生物安全控制

1. 精液的细菌学检查 为确保精液的生物安全，还要进行精液的细菌学检查。精液中病原微生物及菌落数量已列入评定精液品质检查的重要指标，并作为海关进出口精液的重要检验项目。精液中如果有大量微生物的存在，不仅会影响精子寿命和降低受精能力，而且还将导致有关疾病的传播。如果每毫升精液中的细菌菌落数超过 1 000 个，则视为不合格。

作为公猪精液进一步加工制作和保存的场所，实验室卫生情况会直接影响到生产成品精液的质量及其保存时间。因此在实验室的日常生产中，需要格外关注几个可能造成污染的关键点，严格执行实验室的卫生清洁工作和卫生生产流程，从而保障精液在生产加工过程中避免被细菌污染。控制的关键点如下：

（1）清洗采精区，每天清掉垃圾；

（2）清洁假母台表面、下方，用高压水枪清洗防滑垫，再用 75% 酒精，卫可溶液消毒；

（3）采精前保持干燥；

（4）手动采精时，手不能接触过滤纸内部。准备好的采精杯要贮存在干净容器中，避免落入灰尘；

（5）戴双层手套；

（6）用纸巾将阴茎的尘土或者液体擦掉；

（7）采精前后都要用肥皂洗手；

（8）空调的风口不要直接吹到精液；

（9）实验结束后的烧杯与灌装机的管子都要洗消；

（10）除了实验室台面要干净，实验室的水池、地面、门等也要清洁；

（11）建立清洗流程；

（12）清洗完成后再高温烘干；

（13）水浴锅每天要清理干净；

（14）不同精液批次结束后要洗手，用一次性纸巾擦干。

2. 精液的加工过程控制

（1）实验室需要干净且相对无尘的环境，人员在进入实验室时应做到：

① 经过淋浴间洗澡，更换干净工作服，戴上头套进入实验室；

② 进入实验室之后再次洗手并消毒；

③ 非必要情况下，生产中的猪舍工作人员不要进入实验室。

（2）精液从猪舍到实验室的过程中有多种传递方式，但任何不规范的传递都会增加实验室污染的风险。

（3）精液传递窗（柜）

① 精液传递窗（柜）口两侧不可同时打开；

② 除传递精液外（装在塑料袋或类似容器中），不可传递其他猪舍内的物品进入实验室；

③ 传递窗（柜）内可放置一个干净的保温杯用于精液中转，防止使用过的采精杯传入实验室造成污染；

④ 采精杯的制作、预热可在猪舍内完成，从而减少传递窗的开关频率；

⑤ 每天生产工作结束后，对传递窗进行彻底的清洁和消毒。

（4）避免人员、设备与精液直接、间接接触　精液加工过程中需要注意接触过程中对精液造成的污染，因此可以从以下几个方面来避免人员、设备与精液直接、间接接触，以降低污染风险：

① 精液加工过程中尽可能使用的一次性耗材。例如，使用一次性专用塑料袋套在盛精液或者稀释液的容器中，这样可以降低交叉污染的风险并减少清洁工作；

② 避免用手触摸与精液、稀释剂直接接触的任何物品；

③ 精液样品采集的过程中，规范移液器使用方法，移液器不要触碰到精液袋内壁，只将移液器枪头伸入精液液面内 1.5 cm 取样即可；

④ 生产过程中，对于洒到桌面上的精液、稀释剂，应立即用纸巾擦拭干净，防止造成交叉污染；

⑤ 当双手可能发生污染时，应对双手进行消毒，并更换新的手套；

⑥ 在精液稀释时，需要戴手套拿取和操作灌装软管、灌装针头、沉子等。

（5）废弃精液、耗材、设备等处理　在精液加工结束后，对废弃精液、耗材、设备等处理也要注意以下几点：

① 生产后的废弃精液和残留稀释液应带到生产实验室外的水槽丢弃处理，并对水槽进行清洁消毒；

② 所有设备每次使用后，尽可能将设备部件拆卸、清洁并消毒，包括精液分析套件（显微镜、计算机、键盘）、稀释液分配器套件（稀释桶、软管、配量器、磁力转子等）、灌装机及其耗材（灌装机、灌装软管、灌装针头等）、精液容器、37 ℃的恒温箱内外部、移液器等；

③ 恒温水浴锅应每周至少换水两次，条件允许情况下最好使用纯净水，防止内壁生垢；

④ 每个生产日结束后，需将台面和连接台面上方 50 cm 高度处一同进行清洁和消毒；

⑤ 清洁顺序应由高到低、由里向外，使用一次性清洁材料更佳；

⑥ 制定每日、每周和每月清洁计划。

第四节　计算机辅助精子分析

计算机辅助精子分析（CASA）技术是借助计算机辅助进行精子活力、动（静）态图像等进行检测，以获得精子动、静态各项参数的技术。

一、计算机辅助分析系统简介

20 世纪 80 年代，计算机辅助精液分析系统出现。CASA 借助显微镜、摄像机、计算机和应用软件，将现代化计算机技术和图像处理技术综合运用于精子质量的检验、检测，对精子进行活率、活力、密度、形态以及其运动参数进行检测。

CASA 自动分析精子形态，标注正常、异常精子，计算畸形率；对单头公猪、整个猪群的供精能力、供精质量进行数据分析，为猪群更新、淘汰的决策提供科学依据。目前，发达国家已经广泛应用于公猪精液分析。近几年，我国一些单位相继开展了相关研究应用。精液的常规分析（routine seme analysis，RSA）在精液生产平台有望逐渐被 CASA 取代。

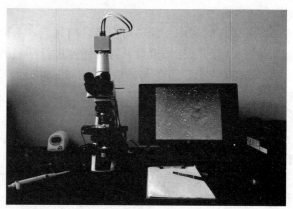

图 3-11　CASA 主要配置

国内外有条件的场根据需求确定 CASA 分析频率。

CASA 配置包括相差显微镜、数码摄像机、电脑、精子分析软件 SCA（sperm class analyzer）（图 3-11）。

计算机辅助精液分析（CASA）和人工常规精液分析（SRA）两种方法对精液分析主要指标存在差异，CASA 作为一种新的检测技术具有高效客观、高精度的特点，但也存在许多影响因素和局限性，不能盲目依赖其结果，应在 CASA 分析的方法上结合 SRA，从而提高结果的准确性（图 3-12）。

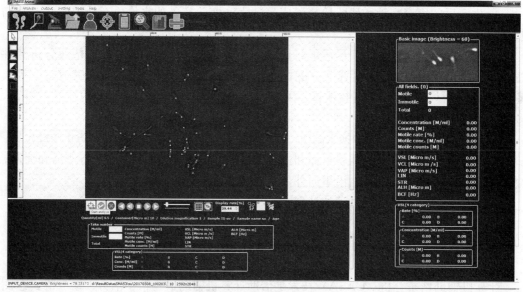

图 3-12　计算机辅助精液分析软件（SMAS3 Animal）

二、精子运动曲线路径分析

(一) CASA 系统检测的术语

精子运动轨迹分析是采用连续曝光摄影技术，通过一定时间内精子运动的距离来测定精子运动速度，从而判断精子活动力，尤其是精子前向活动力。这是决定精子能否受精的重要因素（图 3-13）。

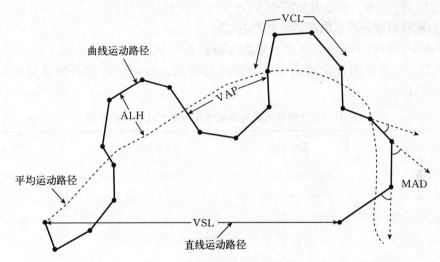

图 3-13　精子运动参数示意图

将精液放入精液自动分析系统中，精液自动分析系统能实时记录 3 s 内的精子运动轨迹，其运动轨迹图反映出精子的真实运动情况。它可以提供描述精子运动状态的多种参数，图像输出显示了精子的运动情况，从而判断精子的受精情况。CASA 精子密度、活力精子密度、活力、畸形率、运动速度和运动轨迹特征等检测评价如下：

① 轨迹速度（curvilinear velocity，VCL）　也称曲线速度，即精子头部沿其实际行走曲线的运动速度。

② 平均路径速度（velocity average path，VAP）　精子头沿其空间平均轨迹的运动速度，这种平均轨迹是计算机将精子运动的实际轨迹平均后计算出来的，可因不同型号的仪器而有所改变。

③ 直线运动速度（linear velocity，VSL）　也称前向运动速度，即精子头部直线移动距离的速度。

④ 直线性（linearity，LIN）　也称线性度，为精子运动曲线的直线分离度，即 VSL/VCL（直线运动速度/轨迹速度）。

⑤ 精子侧摆幅度（amplitude of lateral head displacement，ALH 或 LHD）　精子头实际运动轨迹对平均路径的侧摆幅度，可以是平均值，也可以是最大值。不同型号的 CASA 系统由于计算方法不一致，因此相互之间不可直接比较。

⑥ 前向性（straightness，STR）　也称直线性，计算公式为 VSL/VAP（直线运动速度/平均路径速度），亦即精子运动平均路径的直线分离度。

⑦ 摆动性（Wobble，WOB） 精子头沿其实际运动轨迹的空间平均路径摆动的尺度，计算公式为 VAP/VCL（平均路径速度/轨迹速度）。

⑧ 鞭打频率（beat - cross frequency，BCF） 也称摆动频率，即精子头部跨越其平均路径的频率。

⑨ 平均移动角度（mobile angle degree，MAD） 精子头部沿其运动轨迹瞬间转折角度的时间平均值。

⑩ 运动精子密度 每毫升精液中 VAP>0 μm/s 的精子数。

（二）新鲜精液与冷冻精液运动参数的比较

CASA 在评价精子活力、密度、形态方面较人工方法具有两个优点——提供高精确性和提供精子动力学的量化数据（成熟细胞的特点：前向运动和高的活动性）（彩图 10，表 3-3）。

表 3-3 猪新鲜精液与冷冻精液的精子运动参数对比

检测性状	新鲜精液	冷冻精液	P 值
统计精子数（万个）	2 169±35.22	2 248±84.96	0.114 309
活率 MR（%）	80.59±5.20	76.57±2.83	0.263 107
VSL（μm/s）	30.78±1.68	18.82±1.48	0.000 094
VCL（μm/s）	98.63±4.97	71.97±2.31	0.000 112
VAP（μm/s）	59.13±1.76	40.10±1.60	0.000 010
LIN（%，VSL/VCL）	0.33±0.01	0.22±0.01	0.000 038
STR（%，VSL/VAP）	0.53±0.02	0.42±0.01	0.000 223
ALH（μm）	2.41±0.16	2.16±0.09	0.040 601
BCF（Hz）	12.73±0.96	9.03±0.36	0.000 519
A+B 精子比例（%）	72.72±7.06	46.03±3.52	0.000 789

三、精子形态分析

精子形态分析是指通过涂片染色的研究方法，观察与分析精子形态，了解正常精子与生理及病理范围内的变异精子所占的比例，以反映公猪繁殖能力的方法。

实际分类是将精子分成正常、异常两大类型。猪的正常精子长度大约 55 μm，分头部、颈部、尾部，尾部又分为中段、主段、末段。其中尾部细长，头部呈扁圆形。形态异常的精子呈现不同畸形（头、体、尾的形态变异）。

（1）头部畸形 窄头、头基部狭窄、梨形头、圆头、巨头、小头、双头、头基部过宽和发育不全等；

（2）中段畸形 中段肿胀粗大、折裂、纤丝裸露和中段呈螺旋状扭曲等；

（3）尾部畸形 尾部各种形式的卷曲、头尾分离、双尾、带有原生质滴的不成熟精子（图 3-14）。

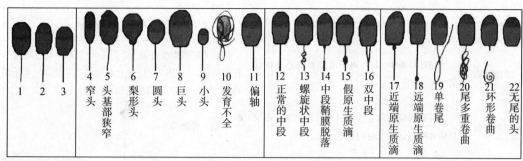

A.正常精子的头形　　　　B.异常精子的头形　　　　C.中段的形态　　　　D.尾部的形态

图 3-14　精子形态示意

四、分析操作步骤

操作流程：采集精液→录入信息→图文分析→重复性分析→统计学分析。

在进行 CASA 时，加 7 μL 精液标本于专门的载玻片上，然后加 1 张规格为 22 mm×22 mm 特制的盖玻片；也可使用特殊的精子计数板，进行精子密度、活力、运动参数、畸形率等检测分析。

精子细胞器官形态学检查（motile sperm organellar morphology examination，MSOME）系统是精子形态分析的软件系统，可以用放大系统将精子放大 6 000 倍观察。

第五节　精液稀释与分装

精液稀释的主要作用是维持 pH、渗透压。目的不仅是为了给更多的母猪输精，更重要的是提供精子所需要的养分，中和副性腺分泌物对精子的有害作用，缓冲精液的酸碱度，给精液造成更加适宜的体外环境，从而增强精子的生命力和延长存活时间，以便较长时间保存和远途运输。

稀释液与精液等渗，能维持精子存活适宜的 pH，抑制精液内微生物的繁殖，中和精子代谢产生的副产物，提供精子所需要的能量。

精液稀释：经检查合格的精液立即进行稀释，稀释时将精液与稀释液放在同一个 37 ℃的水浴锅中片刻等温后，将稀释液缓慢倒入精液中轻轻摇动。稀释倍数根据需要和实际情况决定，一般常规低倍稀释倍数为 1∶（4~8）。

一、稀释主要环节

猪精液稀释的主要环节：原精测量→配制稀释液→稀释。

二、稀释液选择

精液稀释、保护剂类别与作用见表 3-4。

表 3-4 精液稀释、保护剂类别与作用

保护剂	作用及原因	常用物质与作用机理
缓冲物质	维持稀释液中 pH，离子浓度和渗透压的稳定性	PBS（磷酸盐缓冲液），Tris（三异丙基乙磺酰），柠檬酸钠，HEPEs（4-羟乙基哌嗪乙磺酸，氢离子缓冲剂），NaHCO₃（碳酸氢钠）等
非电解质	防止稀释液中离子浓度过高，导致精子凝聚反应和剧烈运动引起的衰老	单糖、蔗糖等
抗生素	主要是抑制细菌生长。精液在采集和处理过程中，不可避免地混入细菌，精清是一种良好的培养基，细菌可在精清中大量繁殖，其代谢产物影响精子生存，病原体则造成母猪感染流产	1 000 IU/mL 青霉素和 1 000 μg/mL 链霉素，庆大霉素，多黏菌素（1 000 μg/mL），磺胺类，卡那霉素。尽管有的细菌不是病原体，但其代谢产物对精子生存有害；病原体能导致母猪生殖道感染，使母猪流产，如胎儿弧菌病等
防冷刺激素	防止精子的冷休克。冷休克是指精子从 20℃降到 0℃时发生突然死亡或活力明显下降的现象。 冷休克发生原因是精子内的缩醛磷脂熔点高，低温下易发生凝固使精子造成不可逆的变性死亡	卵黄、牛奶。防冷休克的机理是卵黄和奶牛含有熔点低的卵磷脂，可进入精子内部取代缩醛磷脂而保护精子。另外，脂蛋白或磷脂蛋白也具有类似作用
抗冻剂	防止精子在超低温环境下遭受冷冻损害。精子在冷冻过程中，其内部的游离水会形成冰晶，对精子结构产生有害影响	甘油、乙二醇、二甲亚砜（DMSO）、丙二醇等。抗冻剂可置换精子内的水分，阻止精子内冰晶的形成，保护精子
添加剂	促进精子活力，保护精子	促活力物质：SOD（超氧化物歧化酶）、β-淀粉酶、OT、PGE、B 族维生素、咖啡因肾上腺素、青霉酰胺。 护精物质：植物提取液，如中草药等，EDTA（乙二胺四乙酸）去除重金属离子

按照功能划分：稀释、营养、保护、促进等。

稀释剂：增加精液量，一般用与精清等渗的溶液，常用的有 0.9% NaCl、2.9% 柠檬酸钠（最常用）、磷酸根离子和卵黄中的脂肪形成不透明混合物、磷酸缓冲液、Tris 缓冲液。

营养剂：为精子运动和生存提供能量。能被精子利用的能源物质主要是单糖，常用的有葡萄糖、果糖、乳糖、丙酮酸钠、谷氨酰胺、奶类、卵黄等。

保护剂：作用是保护精子在体外的生存，包括缓冲物质、非电解质、抗生素、防冷刺激素等。

添加剂：促进精子活力。

三、稀释液的配制

目前猪精液保持方法，可分为常温（15～25℃）保存、低温（0～5℃）保存和超低温（-196～-79℃）保存三种。前两者保存温度在 0 ℃以上，以液态形式作短期保存，故称液态保存；后者保存温度低于 0 ℃以下，以冻结形式作长期保存，也称冷冻保存。不同保存方法稀释液配方、配制条件和配制方法不同。

猪精液常温保存加入必要的营养和保护物质；低温保存须在稀释液中添加如卵黄、奶类等抗冷休克物质；超低温保存须添加卵黄、抗生素、甘油等，工序复杂。

通常，稀释液的配制的具体操作步骤为：所用药品要求选用分析纯，对含有结晶水的试剂按摩尔浓度进行换算；按稀释液配方，用称量纸和电子天平按 1 000 mL 和 2 000 mL 剂量准确称取所需药品，称好后装于密闭袋中；使用 1 h 前将称好的稀释剂溶于定量的双蒸水中，用磁力搅拌器加速其溶解；如有杂质需要用滤纸过滤；稀释液配好后及时贴上标签，标明品名、配制时间和经手人等；放在水浴锅内进行预热、备用。认真检查配好的稀释液，发现问题及时纠正。冷冻稀释液配制比常温稀释液配制烦琐。

1. 常温保存稀释液 通常，常温 15～25 ℃保存时间较短的精液，一般稀释液以添加糖类、缓冲物、抗生素等为主，无需抗冻剂。几种短期常温保存的种公猪精液稀释液的配方及配制方法见表 3-5。

表 3-5 短期公猪精液稀释液配方

成　　分	葡萄糖稀释液	葡萄糖-柠檬酸钠稀释液	葡萄糖-柠檬酸钠-乙二胺四乙酸稀释液	葡萄糖-柠檬酸钠-稀释液卵黄稀释液
葡萄糖/g	5.5	5.5	5～6	5
柠檬酸钠/g	0	0.5	0.3～0.5	0.5
卵黄/mL	0	0	0	3
磺胺粉/g	0	0.3	0	0
青霉素/IU	40	0	0	5～10
乙二胺四乙酸/g	0	0	0.1	0
蒸馏水/mL	100	100	100	100
温度/℃	15～20	25～30	25～30	10～25
保存时间/h	18～24	24～36	24～36	48

2. 低温保存稀释液 猪精液低温（5～10 ℃）保存稀释液须添加适量防冷刺激素（表 3-6）。

表 3-6 猪精液 4 ℃低温保存稀释液配方

成分	配方 1	配方 2	配方 3	配方 4	配方 5	配方 6
葡萄糖/g	3.708	3.708	1.15	2.75	3	3
碳酸氢钠/g	0.125	0.125	0.175	0.1		
蔗糖/g					4	4
柠檬酸钠/g			0.165	0.29		
柠檬酸/g			0.41	0.69		

（续）

成分	配方 1	配方 2	配方 3	配方 4	配方 5	配方 6
氯化钾/g	0.075	0.075				
乙二胺四乙酸/g	0.125	0.125	0.235	0.235		
三羟甲基氨基甲烷/g			0.65	0.565		
柠檬酸三钠/g	0.6	0.6				
乙酰半胱氨酸/g			0.007			
青霉素/g	0.06	0.06	0.06	0.06	0.06	0.06
链霉素/g	0.1	0.1	0.1	0.1	0.1	
庆大霉/g						0.048
卵黄（V/V）/%	20（离心）	20（不离心）	20（离心）	20（离心）	20（离心）	20（离心）
三蒸水/mL	100	100	100	100	100	100
pH	6.82	6.97	5.35	4.86	5.82	5.71
渗透压/(mmol/kg)	358	366	285	271	324	315

3. 冷冻保存稀释液 配制稀释剂要用精密电子天平，不得更改稀释液配方或将不同的稀释液随意混合。配制好后应先放置 1 h 以上才用于稀释精液，液态稀释液在 4 ℃冰箱中保存不超过 24 h，超过贮存期的稀释液应废弃。抗生素应在稀释精液前加入稀释液，太早易失去效果。

冷冻保存在冻精制作方面比较烦琐，稀释液需要添加防冻剂，配方和制备较常温保存麻烦，通常需要 2 种以上稀释液（表 3-7）。

表 3-7 猪精液冷冻稀释液配方

配方	二甲基亚砜	甘油	缓冲剂		糖类		EDTA	pH	渗透压/(mmol/kg)
1	0	2	柠檬酸三钠	2.46	蔗糖	11.43	/	6.8	−334
2	0	2	柠檬酸三钠	2.74	棉籽糖	22.18	4.63	6.6	−373
3	0	0	三羟甲基氨基甲烷	2.26	蔗糖	12.77	/	6.6	−373
4	0	0	三羟甲基氨基甲烷	2.02	棉籽糖	19.86	4.14	6.8	−334
5	5	2	三羟甲基氨基甲烷	2.02	蔗糖	11.43	4.14	6.8	−334
6	5	2	三羟甲基氨基甲烷	2.26	棉籽糖	22.18	/	6.6	−373
7	5	0	柠檬酸三钠	2.74	蔗糖	12.77	4.63	6.6	−373
8	5	0	柠檬酸三钠	2.46	棉籽糖	19.86	/	6.8	−334

表 3-8、表 3-9 为 3 种实例猪精液冷冻稀释液实例，每个实例列举（A、B、C、D）四个配方与制备方法。

表 3 - 8　3 种猪精液冷冻稀释液实例

成分	实例 1				实例 2				实例 3			
	A	B	C	D	A	B	C	D	A	B	C	D
乳糖/g	3.5~5.0	5.0~12.5	5.0~12.5		15	12.5	12.5		45	8	9	
葡萄糖/g	2~5.1	2~5.1	2~5.1	25~43		2	2	25~43		35	35	35
柠檬酸钠/g	0.18~0.30				0.3				0.25			
无水柠檬酸/g				0.3~0.89				0.3				0.6
咖啡因/g				0.025~0.045				0.45				0.35
氯化钠/g	0.1~0.23				0.1				0.15			
青霉素	0.2~0.45 g	80万~100万 IU	80万~100万 IU		0.45 g	80万 IU	100万 IU		0.3 g	90万 IU	90万 IU	
链霉素/g		0.20~0.5	0.20~0.5			0.5	0.2			0.35	0.35	
鲜蛋黄/mL		25~33	25~33			25	33			30	30	
甘油/g			6.7~9.5				95				80	
椰油单乙醇酰胺/g			0.44~0.50				0.44				0.48	
十二烷基硫酸钠/g			0.10~0.16				0.1				0.13	
三乙醇胺/g			0.025~0.050				0.05				0.035	
盐酸/g			0.01~0.035				0.01				0.025	
蒸馏水/g			0.4~12				12				0.8	
三甲氢基甲烷/g				0.45~0.90				0.9				0.70
碳酸氢钠/g				0.30~0.85				0.3				0.60
乙二胺四乙酸钠/g				0.18~0.43				0.43				0.30
丙酮酸钠/g				0.008 5~0.042				0.04				0.002

表 3-9　实例 1 中 A、B、C、D 稀释液制备方法

编　号	制备方法
A	将 A 方原料溶于 100 mL 双蒸水中，调 pH 至 6.5～7.5，放在一旁降至室温，移至冰箱中冷藏备用
B	将称取的 B 方原料溶于 100 ml 双馏水，制成稀释液 B；降至室温，调 pH 稳定至 6.5～7.5，移至冰箱中冷藏备用
C	将 C 方称取的乳糖、葡萄糖、青霉素、链霉素溶于 100 mL 双蒸水制成稀释液基础液；然后加入鲜蛋黄、甘油、椰油单乙醇酰胺、十二烷基硫酸钠、三乙醇胺、盐酸、蒸馏水，搅拌均匀；降至室温，调 pH 稳定至 6.5～7.5，移至冰箱中冷藏备用
D	将 D 方称取的原料溶于 100 mL 双蒸水制成稀释液 D；降至室温，调 pH 稳定至 6.5～7.5，移至冰箱中冷藏备用

实例 2～3 制备方法与实例 1 基本相同。

四、稀释操作程序

具体的稀释程序为：确定头份→加入稀释液→稀释后活力检测。

（1）精液稀释头份的确定　人工授精的正常剂量一般为 40 亿个/头，体积为 80 mL，假如有一份公猪的原精液，密度为 2 亿个/mL，采精量为 150 mL，稀释后每头份的密度要求为 40 亿个/80 mL。则此公猪精液可稀释 150×2/40＝7.5 头份，需加稀释液量为（80×7.50－150）mL＝450 mL。

（2）加入稀释液　将精液移至 2000 mL 大塑料杯中，稀释液沿杯壁缓缓加入精液中，轻轻搅匀或摇匀。如需高倍稀释，先进行 1∶1 低倍稀释，1 min 后再将余下的稀释液缓慢加入。因精子需要一个适应过程，不能将稀释液直接倒入精液。

（3）稀释后活力检测　精液稀释的每一步操作均要检查活力，稀释后要求静置片刻再作活力检查。活力下降必须查明原因并加以改进。

五、稀释主要条件

稀释精液必须在恒温环境中进行，品质检查后的精液和稀释液都要在 37 ℃恒温下预热，稀释时，严禁太阳光直射精液，阳光对精子有极强的杀伤力。稀释液应在采精前准备好，并预热好。精液采集后要尽快稀释，未经精液品质检查或活力在 0.7 以下的精液不用于稀释。

测量精液和稀释液的温度，调节稀释液的温度与精液一致（两者相差 1 ℃以内）。注意：必须以精液的温度为标准来调节稀释液的温度，不可逆操作。

用具的洗涤：精液稀释的成败，与所用仪器的清洁程度有很大关系。所有使用过的烧杯、玻璃棒及温度计都要及时用蒸馏水洗涤，并进行高温消毒，以保证稀释后的精液能适期保存和利用。

六、精液分装

精液分装是将稀释后的精液按照一定剂量分装到输精袋或输精瓶中保存待用。一般每

头份剂量 40～80 mL。分装有手工、手动（人工移袋）、半自动和全自动 4 种。包装材料有塑料袋、塑料瓶、塑料管（冷冻细管）等。瓶装简便易行，一般可手工分装；袋装输精方便，需要分装机封口；管装方便保存，多用于低温冷冻，工艺复杂。资料表明袋贮一般比瓶贮活力高。现采现配一般多用手工瓶装，常温保存一般塑料袋封装，超低温保存一般冷冻管装。

1. 手工瓶装　一般场内人工授精站都是现采现用，不超过半小时完成检查、分装和输精，减免了储存和运输环节，也节省了相关设备，因此可采用手工分装。

手工分装是将质检稀释后的精液人工分装到精液瓶中。

鲜精稀释分装后要求 24 h 内完成输用。

2. 分装机封装　分装机分装又分为手动、半自动和全自动分装。

（1）手动分装　用手动精液分装机分装。手动精液分装结构简单，等量分装，方便易学。

（2）半自动灌装　控制器设定"封压时间"和"冷却时间"（注意灌装机周期），手工移动精液袋，机器自动封装。

（3）自动灌装手工分装　内蒙古朋城种猪场使用一款自动灌装手工分装的灌装机进行精液分装。

（4）自动灌装、分装　全自动分装有瓶装、袋装、管装，均设有控制系统。

① 自动瓶装　自动瓶装机主要由蠕动泵、灌封、操控系统三部分组成。

自动精液瓶装机与自动袋装机结构基本相同。

② 全自动袋装　袋装精液可以提高精液分装的连续性，也便于精液的运输保存，提高了精液商品化生产的效率，同时也提高了输精连续性。先进全自动的分装设备可自动灌装、自动打印标签，分装速度达 1 000 袋/h。

全自动分装流程以卡苏 QTB1 000 为例：包装袋入轨→连接精液管→开启控制器→灌装并加封标签→灌装下行→精液袋自动落盘。

③ 全自动细管常用于冷冻精液分装。

3. 冷冻分装　精液采集、质量检测与非冷冻方法相同；稀释、平衡比较复杂；冷冻过程需要特殊的设备与材料。

猪精液冷冻技术操作流程大致为精液采集→质量检测→第一次稀释→降温、平衡（15 ℃，5 ℃）→第二次稀释→平衡→冷冻→保存。

（1）冷冻剂型　在特定冷冻剂如甘油等参与下，精液由低温骤然降到 −60 ℃以下，冰晶颗粒细小而均匀，呈玻璃态固化，不会对细胞器造成破坏，从而可长期保存。

精液冷冻剂型有细管型、颗粒型、袋型和安瓿型（早期）等。

细管型：有 0.25 mL 微型细管、0.5 mL 中型细管和 5 mL 大型细管（冷冻精液发展早期使用）及扁平细管。常用的有 0.25 mL 微型细管和 0.5 mL 中型细管，细管长度133 mm，外径分别为 2 mm 和 2.8 mm。

颗粒型：0.1 mL 精液滴冻制成半球形颗粒，50 粒瓶装。

塑料袋：5 mL 塑料袋。

郝帅帅（2014）对各种公猪精液冷冻剂型如 5 mL 大型细管、4～5 mL 铝袋、0.5 mL中型细管、1.7～2.0 mL 扁平大细管、0.25 mL 微型细管及不同类型的 5 mL 塑料袋、颗粒型等，从冷冻、保存、解冻、输精等多方面进行了优劣比较。研究表明，各型包装在冻精制作和解冻输精等方面各有优劣：

包装优势：冷冻精液输精每剂一般 50 亿～60 亿个精子，5 mL 的大型细管、塑料袋包装具有 1 头份的精子数量，在实践中易于操作。小型细管在输精时需要多支。

保存优势：颗粒和 0.25、0.5 mL 小型细管有较大的表面积/容量比，是适合低温冷冻保存的形状。塑料袋包装的测试结果表明能均匀地冷冻和解冻，但其体积太大，不适合放置在液氮罐里保存。

解冻活力：研究表明，微型、小型、中型细管，扁平细管和塑料袋保存的冻精样品经解冻后，比大型细管在精子直线运动、顶体完整性、活力方面均表现得更加优良；5 mL 的大型细管其表面积/容量比较小，细管中间的精子受冷不均匀，限制了理想的冷冻和解冻过程，保存精子解冻后活力略低。

受精能力：资料显示利用扁平细管或 5 mL 塑料袋保存的冻精与大型细管相比有更高的受精力，输卵管富余精子更多。

综合比较各型冷冻精液，整体优势明显的为小型细管，因而被广泛应用。

（2）精液处理　采精后，立即进行精液品质检查，制作冷冻精液的精子活率应达到 0.7 以上。

精液稀释：根据冻精的种类、分装剂型和稀释倍数的不同，选择合适的稀释液，按照精液的稀释方法进行稀释。稀释后取样在 38～40 ℃下镜检活率不低于原精液。现生产中多采用一次或两次稀释法。

降温平衡：采用一次稀释法，由于稀释温度为 30 ℃，需经 1～2 h 缓慢降温至 0～5 ℃，以防冷休克的发生。平衡是降温后，把稀释后的精液放置在 0～5 ℃的环境中停留 2～4 h，使甘油充分渗入精子内部，起到膜内保护剂作用的过程。

（3）冷冻技术操作流程　颗粒精液分装制作简单、经济，没有包装、不易标识，易造成污染，应用较少。目前一般采用原精液经稀释后以细管包装冷冻。

猪精液颗粒法冷冻流程：稀释、滴冻、液氮罐储存。

① 稀释　取鲜精浓稠部分，在 30～32 ℃下静置 30 min 后用 50％的第 Ⅰ 液稀释；经过 1 h 降温到 15 ℃，再用精液量的 50％的第 Ⅱ 液同温第二次稀释；2.5 h 后降温至 8 ℃，再次精液量的 50％的第 Ⅲ 液同温第三次稀释（表 3-10）。

表 3-10　猪精液冷冻稀释液

项　　目	成　　分	酸碱度（pH）	渗透压/（mmol/kg）
Ⅰ 液	脱脂鲜牛奶	6.0	298
Ⅱ 液	蔗糖 11 g，EDTA 0.37 g	5.5	385
Ⅲ 液	蔗糖 11 g，EDTA 0.37 g，甘油 2.6 mL，双蒸水 100 mL，鸭蛋卵黄 26 mL	5.5	742
Ⅰ、Ⅱ、Ⅲ混合液		5.5	485～489
Ⅳ 液（解冻）	葡萄糖 5 g，10％安纳咖 5 g，双蒸水 100 mL	6.5	295

② 滴冻 经过 3 次稀释后，8 ℃恒温静置 30 min 开始滴冻。用 5 mL 注射器吸取稀释好的精液滴在 11 cm 直径的圆形铝盒，铝盒内盛入八成液氮维持－40 ℃（铝盒置于－40 ℃广口液氮瓶内），盖上滴冻，控制滴液为每粒 0.1 mL，冻制颗粒豌豆粒大小（直径约 5 mm）。

③ 液氮罐储存 －60 ℃时，将滴冻颗粒按每头份 200 粒用纱布袋包裹浸入液氮冻存，每头份 10 亿～12 亿有效精子，纱布袋口用细绳拴系，取用时提取拴系绳即可。

细管法和塑料袋法的冷冻程序：①新鲜精液在室温下，用稀释液将精液按比例等温稀释，然后平衡 0.5～2 h；②将精液移入 15 ℃条件下降温平衡 3 h；③在 15 ℃条件下离心（800 g，10 min），加入无甘油的Ⅰ液，缓慢降到 5 ℃，平衡 2 h，加入含甘油的Ⅱ液，然后分装；④冷冻，如用程序冷冻仪冷冻，初始温度为 5 ℃，以 3 ℃/min 从 5 ℃降到－5 ℃，再于－5 ℃条件下保持 1 min 结晶，然后以 50 ℃/min 从－5 ℃降到－140 ℃，然后投入液氮保存；用液氮熏蒸冷冻，则在广口液氮罐内，与液氮面距离 5 cm 处，熏蒸 20 min，然后投入液氮保存。

将含甘油的精液稀释液分装于塑料细管中，用聚乙烯醇粉快速密封管口，并将细管均匀置于冷冻支架上，以液氮熏蒸冷冻。

熏蒸冷冻细管精液设备主要有：简易冷冻槽、大口径（800 mm）液氮罐、喷氮式冷冻仪。喷氮式冷冻仪价格昂贵且消耗液氮量大，故仅少数单位采用。

法国卡苏冷冻精液细管分装与冷冻储存程序：细管打印→细管分装→程序冷冻→程序冷冻仪表显示→将提筒从液氮罐移入程序冷冻仪→将冷冻细管装入提筒→提筒提出→提筒精液放入液氮罐储存。

七、精液包装检查

常规人工授精每剂（头份）80～100 mL 30 亿～50 亿个精子。

子宫深部输精每头份 20～40 mL，每份 2 亿～10 亿个精子，精液量和精子数都比常规减少 1/2 以上，等量公猪精液能生产出相当于常规人工授精双倍以上剂量的稀释精液。稀释精液用储精瓶或塑料袋分装，并在适当条件下保存、备用。

冻精一般每头份 50 亿～60 亿精子，如果精子数偏低，必须采用猪子宫体深部输精才能保证受胎。

第六节 精液保存与配送

精液保存（sperm preservation）目的是延长精子的存活时间及维持其受精能力，便于长途运输，扩大精液的适用范围，增加受配母猪头数，提高种公猪的配种效能。

精液保存的理论依据是：降低精子的代谢速度，从而抑制精子运动，达到延长精子存活时间。通常有两条途径：其一是降低保存温度，减弱精子的运动和代谢，甚至使精子处于休眠状态，但并不丧失其生命力。其二是调整稀释液的 pH，使精子处于弱酸环境，抑制其活动，而不危害其生命力。以上两种情况下保存的精液，一旦温度和 pH 恢复到正常水平，精子的活动和受精力又会重新恢复。

一、保存装置

猪精液保存有常温和冷冻两种形式，两者温差很大，需要专用保存装置。

1. 恒温冰箱 常温保存使用专用的恒温冰箱，一般保持17℃左右，它能够保证在气温较高时制冷降温，在气温较低时加热，在供电正常的情况下全天候使用。恒温冰箱停电或出现故障，在适宜的室温条件下，即室温在15～25℃内变化，可不必采取特殊措施，因为这种室温下，对精液的短期存放不会有太大影响。停电时间如果不超过3 h，一般也不会有太大问题。但如果气温高于25℃或低于15℃，则需要进行特殊处理。在冬季可将热水袋或输液瓶充入50～70℃的热水用厚毛巾包好，放入冰箱中，使其缓慢散热；在夏季，则可用袋装冰块（可用普通冰箱制冰），同样用毛巾包好，放入冰箱中。每2 h观察一次箱内温度，使箱内温度在16～20℃，如果温度不合适，应调整水温或增减外部隔热材料的厚度，以控制散热或吸热的速度。

常温精液运输用泡沫保温箱。如汽车运输，可用汽车点烟器接口通电保温（图3-15）。

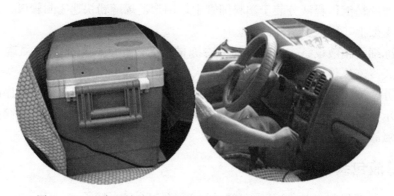

图3-15 汽车运输精液时将车载保温箱电源插头插入汽车接口

2. 生物液氮容器 一般用生物液氮容器等于使用液氮罐保存。液氮是精液及胚胎的主要冷冻贮存媒介。液氮是由氮气压缩冷却而来，具有特殊的理化性质——超低温性：液氮的沸点为-195.8℃，液氮每升重量为808 g，液氮冷却到-210℃时，将变成霜雪状的固态氮。液氮这一超低温特性能抑制精子和胚胎等生物体的代谢能力，科学家利用这一特性来长期保存精液及胚胎。其最大优点是可长期保存冻精，使用不受时间、地域以及种公猪寿命的限制。可充分提高公猪的利用率。

常用的液氮罐有3 L、6 L、10 L、30 L，可用于静置贮存和运输。

液氮罐容量不同，保存时间不同，如10 L液氮罐标准贮存时间为88～100 d；30 L液氮储存罐的静止保存时间为243～293 d，液氮生物容器口不能密封。液氮贮存在液氮生物容器中时，要注意将液氮生物容器口保留一定缝隙，否则由于液氮气化时气体无法及时排出，极易造成爆炸事故发生。液氮生物容器长期贮存物品时，要注意及时补充液氮。液氮液面以不低于冷藏物品为宜。

二、保存温度

精液需根据配种需要和实际情况选择不同保存方法。

1. 常温保存　猪的常温液态保存精液技术已经被大面积地推广和应用到养猪生产实践中。一般将精液稀释分装后密封，用纱布或毛巾包好，置于（17±2）℃温度下避光存放。为延长保存期，须加入抗生素和必要的营养素，并隔绝空气。一般常规保存可维持3～15 d。关键是温度和稀释液。

2. 低温保存　低温0～5℃保存：在稀释液中添加卵黄、奶类等抗冷休克物质，缓慢降温至0～5℃保存，要防止精子从体温急剧降至10～0℃时造成冷休克。0～5℃精子处于休眠状态，代谢降低。

3. 冷冻保存　冷冻保存一般指超低温－79℃（干冰）至－196℃（液氮）的冷冻保存。

超低温保存需要先将精液制成不同形态的冻精，再放入－79℃干冰或－196℃液氮中冷冻保存。精液一般在－196℃液氮中冷冻保存。

冻精可以使优良基因得到无限期的保存，但需要随时观察液氮状态，及时添加，保证液氮液面以不低于冷藏管（冷藏物）。一般10～15 L罐2 d加一次氮；30 L罐5 d加一次氮。

三、编码管理

编码管理是指人工授精站的种公猪必须经过性能测定、严格挑选，编号（ID）登记，档案（种猪个体身份证）标准、齐全，所售精液随身携带所属公猪信息——种猪档案证明资料等（表3-11、表3-12）。

表 3-11　种猪档案证明（部分信息）

猪只 ID	DDBJXM102040101	个体号	DDBJXM102040101	父 DDBJXM100010001	父 DDBJXM100001202
品　种	杜洛克	品系	美系杜洛克		母 DDBJXM100005608
耳缺号	40101	性别	公猪		
出生日期	2002-7-25	胎次	2	母 DDBJXM101007301	父 DDBJXM100001234
出生重	1.35	同窝仔猪数	10		母 DDBJXM100005678
左乳	7	右乳	7		
出生场	北京畜牧一场				

表 3-12　主要育种值及指数结果表（部分信息）

		父系指数	母系指数	繁殖指数	100 kg体重日龄	背膘厚/(mm)	眼肌厚/面积	日增重(g)	料重比	瘦肉率/%	总产仔数	外貌指数
本身测定值												
育种值	本身	99.93				−0.63	0.159					
	父亲											
	母亲	111.3				−1.04	−0.406					
	祖父											
	祖母											
	外祖父											
	外祖母											

种猪编码即按照国家有关规定，对种猪实行编号登记制度。

《中华人民共和国畜牧法》第二十一条规定：省级以上畜牧兽医技术推广机构可以组织开展种畜优良个体登记，向社会推荐优良种畜。如北京市畜牧总站等具有种猪登记的职能。登记的品种包括强制登记和非强制登记。

强制登记：大白猪、长白猪和杜洛克，以及列入国家级猪遗传资源保护名录的地方品种。

非强制登记：列入国家猪遗传资源名录的其他地方品种和培育品种、经过国家畜禽遗传资源委员会审定的培育品种如北京黑猪可以申请种猪登记；从国外引进的其他品种以及利用国外引进的精液或胚胎进行纯繁的后代。

此外，从种猪企业及种猪市场管理的角度考虑，所有在市场流通的纯种猪都应参加编码登记。这样做，使每头种猪身份合法、来源清楚、系谱完整、品种纯正。因此，育种场、人工授精站必须对种猪进行规范编号、性能测定和遗传评估，为客户提供真实的活猪、精液等档案信息。如提供伪造或不规范信息，用户有权保护合法权益。

四、精液的运输

使用便携式温储箱将精液配送到场点。

采精后立即输精的，可简单稀释，无须保存和运输环节。

短途可将精液放在泡沫塑料箱或冷藏箱内运输，输精时，将精液放在箱中运至待配母猪舍内。长途最好放在车载冰箱或电子恒温箱内保存运输。

1. 短程运输 场内用专业运输箱，步行、自行车运输。周边较近的场，自行车或摩托车送达。

2. 长途精液配送 须借助汽车、飞机等交通工具。

（1）精液配送专用车 人工授精站配置精液配送专用车，车载电脑微控恒温（16～17.5 ℃）精液运输保温箱，专业用于配送公猪精液至各场、各区片人工授精点。恒温有保证，配送按计划；

（2）长途汽车托运 需要事先约定，价格最便宜；

（3）利用火车运输 途中需要随时观测、调节保温箱温度，使其维持在 17 ℃；

（4）飞机运输精液 将装有精液的电动恒温箱或液氮罐，委托航空公司空运到指定机场，由客户接站，转用汽车运送到场、点。

3. 注意事项 精液运输过程中，注意保持输精瓶或输精袋的密封性和保持温度的恒定，防止精液外流与产生震荡。

>>> 第四章　种公猪站的建立与运行

公猪站也称人工授精站，是饲养人工授精用公猪、采精和精液处理保存的地方。猪的人工授精最基础的莫过于人工授精站的建设配置。猪人工授精站分两类、三型。两类即社会化人工授精站和场内人工授精站。三型即区域化中心、区域（大型）、县乡镇（中小型）人工授精站。

社会化猪人工授精站是指集中饲养公猪、专门为猪场提供精液及相关技术服务的机构，大多为区域化中心人工授精站、区域（大型）、县乡镇（中小型）。

场内人工授精站（室）一般主要承担本场人工授精各项工作。其中，大型现代化猪场往往设置功能和设备齐全的人工授精部门；小型猪场一般设人工授精采精区和实验室。

根据全国优势养猪区域布局规划和国家生猪核心育种场的分布情况，2012年前选出20家种公猪站用于核心育种群的遗传交换，种公猪必须来源于国家生猪核心育种场，并经性能测定、遗传评估为优秀。

为推进国家生猪良种补贴项目的实施与国家生猪核心育种场纯种猪的推广，2020年建设400家种公猪站，用于社会化遗传改良与生猪良种补贴工作，种公猪须来源于国家生猪核心育种场。2015年起，种公猪站饲养的种公猪必须经过性能测定，猪人工授精技术服务点布局合理、服务到位。据农业农村部畜牧兽医局、全国畜牧总站2019《中国畜牧兽医统计》，2018年末，全国实际有种公猪站1 592个，种公猪存栏79 749头，当年生产精液3 763万份。

场间遗传联系的建立是实质性联合育种的基础，国家核心育种场应切实按照全国生猪遗传改良计划及其实施方案要求，积极主动地参与建立场间遗传联系工作。重点开展：

（1）自建或参与建立相对"独立"的种公猪站，确保防疫条件和各项基础设施设备完善；

（2）按照全国生猪遗传改良计划专家小组确定的场间遗传交流计划，为联系场提供健康、准确、可靠的公猪精液，并提供精液相关的完整信息资料；

（3）按照全国生猪遗传改良计划专家小组确定的场间遗传交流计划，选配适量的联系场种公猪，确保建立长期稳定的场间联系；

（4）协助全国生猪遗传改良计划专家组采集核心群种猪DNA样品，构建全国种猪DNA库。

土建同时预留好设备安置空间，土建完成后，应及时引进必要设备并进行安装调试。所有人工授精站都应根据适用、齐全、优质、卫生、安全原则进行设备配置和耗材购置。

第一节　种公猪站立项与设计

区域性大型猪人工授精站的建设，与国家和地区行业政策、发展规划、品种改良和未来趋势密切相关，且与饲养户的生产环节、市场销售关联紧密，应根据区域或本场市场需求、发展规划和改良目标，依据《中华人民共和国畜牧法》等相关法律法规、政策条款，在向有关部门申请立项的基础上，精心设计、精心施工、完善设备配置、筛选和引进优良品种个体。区域性大型社会化猪人工授精站的建设，需要撰写立项报告或项目建议书，对拟建的人工授精站项目提出总体设想，向有关部门报批，并作为计划实施的依据。

《人工授精站项目建议书》主要包括：项目背景、项目概况、实施方案等。

项目概况：项目名称、承办单位、主管部门、建设规模、建设地点、现有条件等。

项目的可行性：市场前景与风险、技术与人力资源保障、社会效益与企业经济效益等。

项目背景：项目建设背景、国家政策或行业发展规划、区域发展规划等。

实施方案：项目组成、技术方案、环保标准、平面布置、土建工程、配套设备、实施进度与详细资金筹措计划等。

人力资源：组织机构与经营模式、劳动定员和人员培训计划。

中小型猪人工授精站因与县乡镇规划建设有关，有占地和资金需求，也需要立项。项目建议书参照大型社会化人工授精站。

猪场内人工授精站（室）一般作为猪场建设子项，无需单独立项。

立项的附件包括整体布局图、平面设计图、实验室布局图、种畜经营许可证和土地租赁合同等。

人工授精站设计首先应进行生产、生活合理布局。一般生产区包括公猪养殖与性能测定、防疫、采精、检测、稀释、分装、销售等工作流程；生活区包括办公、洽谈、宿舍、后勤室等。人工授精站基本布局见图4-1。

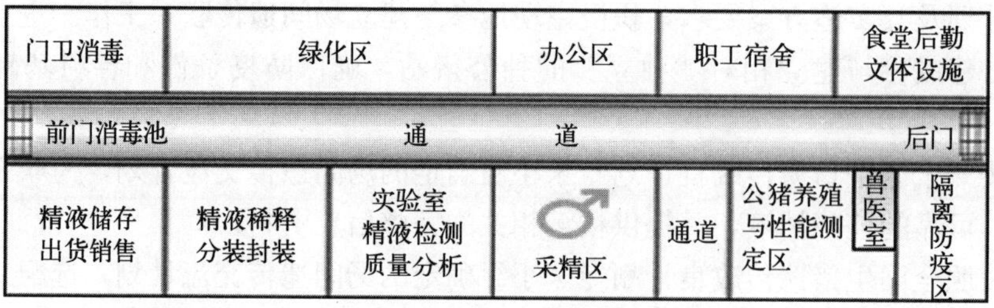

门卫消毒	绿化区		办公区	职工宿舍	食堂后勤文体设施
前门消毒池	通　　道				后门
精液储存出货销售	精液稀释分装封装	实验室精液检测质量分析	采精区	通道	公猪养殖与性能测定区	兽医室	隔离防疫区

图4-1　人工授精站基本布局

区域性社会化猪人工授精站服务面广，公猪饲养规模、品种需求、设备配置等通常高于中小型人工授精站和猪场人工授精站。经济实力强的大型猪人工授精站与社会化人工授精站规模和功能近似，设备配置与普通猪场的人工授精站（室）相比有极大提升。小型猪场人工授精站可考虑公猪养殖、采精、精液处理一体化（图4-2）。

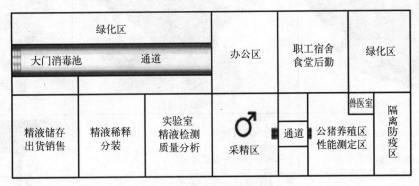

图4-2　中小型猪人工授精站基本布局

第二节　社会化人工授精服务站设备配置

一、准备室配置

根据准备室功能，设备和器械比较简单，主要有采精、消毒用品等。

二、采精室配置

普通采精室主要配置采精栏、猪台（台猪）、采精器、自动采精系统等。

（1）猪采精栏（采精架）　采精栏一般设在采精舍和采精室或种公猪舍。在公猪舍设采精栏以模拟参观功能为主；实际采精则多在采精室。采精室有露天和室内两种形式。

（2）猪台　假台猪即采精台，模仿母猪体型大小，选用金属材料或橡胶做成的具有一定支撑力的支架。假台猪要求大小适宜，坚实牢固，表面柔软干净，用猪皮、人造革等伪装。

假台猪是用来代替发情母猪的，所以必须坚固。假台猪的大小应根据公猪的大小而定，一般高度50～60 cm，后高前低，大约有个猪的轮廓即可，上面覆盖人造革、帆布或猪皮都可。四肢向外伸张一些，假台猪应放置在宽敞明亮、地势平坦、卫生条件好的地方，每次采精对假台猪都要做好常规消毒工作（图4-3）。

（3）Collectis自动采精系统　Collectis自动采精系统是法国IMV卡苏公司自动采精和气动传输系统。组成部件：自动化控制箱、可调红色假母台、仿生假阴道。

① 自动化控制箱　控制假阴道的收缩和舒张、控制假阴道对公猪阴茎的抓握并持续保持、控制假阴道每30 s收缩2次，以刺激公猪兴奋、内置程序控制操作。

② 可调红色假母台　带假阴道托架，可随公猪前后移动。

③ 仿生假阴道　仿生假阴道质地柔软有弹性，触感温暖；内部螺纹设计，模仿母猪的子宫颈环状皱褶；每30 s收缩2次，模仿母猪子宫颈的收缩，绝妙的仿生设计更能刺激公猪兴奋；采精结束后，公猪阴茎软缩，可自行从假阴道内缩回（图4-4）。

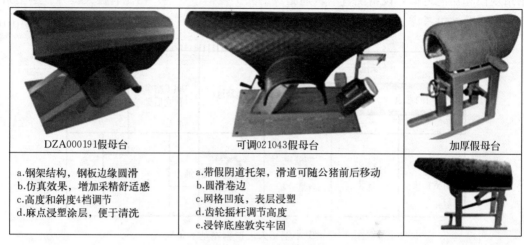

DZA000191假母台	可调021043假母台	加厚假母台
a.钢架结构，钢板边缘圆滑 b.仿真效果，增加采精舒适感 c.高度和斜度4档调节 d.麻点浸塑涂层，便于清洗	a.带假阴道托架，滑道可随公猪前后移动 b.圆滑卷边 c.网格凹痕，表层浸塑 d.齿轮摇杆调节高度 e.浸锌底座敦实牢固	

图4-3　国产假母台

图4-4　法国Collectis自动采精系统与气动传输系统

三、实验室配置

实验室主要设备配置、用途见表4-1。

表4-1　实验室主要设备配置、用途

设　备	用　途
电子秤	称量精液、稀释液
干燥箱	预热器皿和消毒用品
显微镜及相关用品	观测精子数、活力、畸形率
恒温载物台（恒温板）	用于载玻片、盖玻片恒温预热
精子密度仪、比色皿	测定精子密度
恒温水浴锅	等温精液和稀释液
双蒸水机和超纯水机	制作蒸馏水和超纯水
稀释用具或稀释机	烧杯、稀释机，用于精液稀释

（续）

设 备	用 途
精液分装机/封装机	用于精液分装封存
恒温箱、可调冰箱	精液储存
精子自动分析与计算机辅助分析系统	分析精子总数、活力、活率、运动速度和运行轨迹等
冻精生产系统：细管分装和程序冷冻仪	用于冷冻精液分装与冷冻

通常，实验室是检查、稀释、保存、分装精液的地方，也是仪器设备集中的地方。

人工授精站实验室主要设备包括显微镜、双蒸馏制水机、恒温水浴箱、恒温载物台、猪精子密度仪、恒温保温箱、干燥箱、电子天平、精液分装机等。

精液产品生产包括分装储存等生产环节，既可设在实验室一侧，也可单独设立生产车间，如何设置应根据生产规模、市场需要和人工授精站条件决定。

北京某人工授精站实验室主要设备配置见表4-2。

表4-2 北京某人工授精站实验室主要设备

序号	设备	序号	设备	序号	设备	序号	设备
1	相差显微镜	7	固定恒温箱	13	稀释粉混合机	19	磁力搅拌器
2	精子密度仪	8	电热消毒器	14	稀释粉分装机	20	水净化器
3	光度计	9	干燥箱	15	稀释液存储器	21	取样机
4	精子分析仪	10	便携恒温箱	16	精液储存柜	22	实验台
5	双蒸馏水机	11	精液自动分装机	17	精液处理系统	23	渗透仪
6	平衡水浴锅	12	精液自动封装机	18	恒温载物台	24	空调等

北京市遗传评估体系技术研究与产业化开发（2002—2006年）猪人工授精技术研究子项目实验室基本设备配置见表4-3。

表4-3 北京市猪遗传评估体系人工授精子项目实验室主要设备配置

设备	品牌型号	数量	设备	品牌型号	数量
相差显微镜	德国 MINITUB	1	电子精密称	德国 MINITUB	1
光度计	德国 MINITUB	1	平衡水浴箱	德国 MINITUB	1
精液分装机	德国 MINITUB	1	电热消毒柜	德国 MINITUB	1
精液分装器	德国 MINITUB	1	精液储存柜	德国 MINITUB	1
水净化器	德国 MINITUB	1	恒温箱	16~17℃	1

（1）电子秤 电子秤对于精液、稀释液、稀释比例等至关重要，虽简必配。

猪人工授精用电子秤要求准确性好、易操作。

（2）显微镜 显微镜是精液质量检测基本必要设备。人工授精站一般配置相差显微镜、双目镜、电视显微镜等。

① 相差显微镜 具有相差观察方式的显微镜叫相差显微镜。相差显微镜有四个特殊

结构：相差物镜、具有环状光阑的转盘聚光器、合轴调中望远镜和绿色的滤光片。利用物体不同结构成分之间的折射率和厚度的差别，把通过物体不同部分的光程差转变为振幅（光强度）的差别，经过带有环状光阑的聚光镜和带有相位片的相差物镜实现观测。主要用于观察活细胞或不染色的组织切片。

② 常见双目镜　如奥林巴斯双目显微镜 CX31。

③ 电视显微镜：通过一个电视环形闭路系统，在显微镜上所观察到的标本的像直接显示在电视接收机的荧光屏上。

（3）恒温载物台　恒温载物台又称恒温板，一种小型恒温设备。在猪人工授精中配合显微镜使用，可将多块玻璃片置于上面保温，恒定温度环境，检测精子活力密度。

（4）精子密度仪　精子密度仪是一种专门用于测量悬浮液中细胞密度的仪器。通过透光率不同和电脑芯片程序计算，精子密度仪能迅速显示公猪精液精子密度，从而为准确、便捷、高效地配制稀释精液提供依据。四款进口精子密度仪包括德国 Spermacue 密度仪、法国卡苏密度仪、荷兰 MS 密度仪、葡萄牙 Iberspectrov 精子密度仪。

IMV 卡苏公司生产 AccuCell AccuRead 动物精子密度仪是检测动物精子密度的专用仪器（AccuRead）密度仪，采用分光光度计的原理直接测定、读取精子的密度值，自动计算出需要添加稀释液的剂量以及预计生产的精液份数（或支数），并将结果记录在仪器内部的存储器或直接通过打印机输出，也可以将数据自动转存至相连接的计算机内。

葡萄牙 Iberspectrov11 精子密度仪是一款由 Iberssan 公司研发的精子密度仪，可精确、稳定剖析数据。

（5）干燥箱　干燥箱通过加热使物料中的水分或可挥发性液体汽化逸出，对物料进行干燥、烘焙、熔蜡、固化以及物品的干热灭菌。有真空干燥箱和电热鼓风干燥箱。

（6）恒温水浴箱（锅）　恒温水浴锅（恒温水浴箱）主要用于实验室中蒸馏，干燥，浓缩及温渍化学药品或生物制品，也可用于恒温加热和其他温度试验，是人工授精站（室）必备工具。恒温水浴锅主体结构由箱体、内胆、电热管、数字温度控制仪等组成。

工作室与外壳间均匀充填隔热材料，外壳温升不大于 25 ℃。

（7）双蒸馏水机或制水机　稀释猪精最好的是使用新鲜的双蒸水或纯水。

配置双蒸水机和专用制水机可自制蒸馏水或纯净水，随用随制，避免购买存储等麻烦。

双蒸水是将经过一次蒸馏后的水，再次蒸馏所得到的水，pH 非常接近 7.0。用玻璃双蒸水机，即可自行生产双蒸水。

制作纯水则要通过五层过滤、带 UV（紫外线）灯消毒的 RO 反渗透专用制水机，制水能力达每小时数十升，可满足大型公猪站需要。

常见双蒸馏制水机如 SZ - 93 型、ZXZ - 8L 专用制水机等（图 4 - 5）。

（8）恒温保温箱　常用猪精液恒温保温箱品牌很多，如海信、猪仙子、世博等。

恒温箱电冰箱结构类似，包括箱体隔热、温控制冷、层架、可调节底座等。

（9）计算机辅助精液分析系统（computer aided semen analysis，CASA）　CASA 系统配置：相差显微镜、摄像机、电脑及附设、精液分析软件包等。

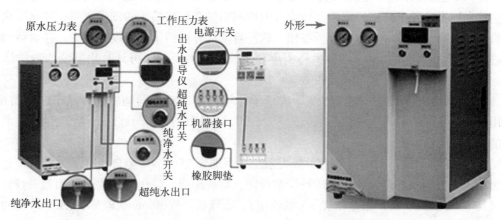

图 4-5　超纯制水-YSL-RO-X10L/H 型实验室台式超纯水机基本结构

CASA 主要功能：跟踪、描述、计算、存储精子形态学影像、计算精子运动学参数等。

人工授精站配置 CASA 计算机辅助精子分析系统有两种途径：DIY 和购置。

DIY：根据需求与条件自行配置 CASA 系统。如北京市畜牧总站配置的 CASA 系统包括奥林巴斯相差显微镜、HP 计算机与其他附设及 SMAS 3Animal 应用软件（SM-AS Animal：sperm motility analysis system for animal system）。

购买：指选购国内外 CASA 品牌，如 ZXZ、HST Sperm Tracker 系统等（图 4-6）。

图 4-6　日本 FHK 的 CASA 系统与 SMAS 软件界面

① 猪仙子猪精子分析检测系统　猪仙子动物精液分析仪、猪精液质量自动检测系统如猪仙子动物精液自动分析仪 ZXZ-5001、猪仙子猪精液质量自动检测系统 ZXZ-1001、猪仙子猪精液质量自动检测系统 ZXZ-6001 等。

猪仙子猪精液质量自动检测系统 ZXZ-1001 主要配置：奥林巴斯 CX21 三目生物显微镜、台式计算机、显示器、松下 CP300 CCD 摄像机、进口精子计数板、图像采集卡（OK-C30）、恒温装置、猪精液质量检测（分析）系统 HView-103A 型应用软件等。

ZXZ 系列猪精子检测系统是专门针对公猪站精子检测需求，对未稀释或稀释后的猪精子的密度和活率进行自动计算的检测系统。该系统大大减少了猪精液检测人员的工作强度，降低了检测的误差，提高了稀释后猪精液的分装瓶数，使产量大大提高。可对每一头公猪建立档案，便于公猪的管理。该型号的检测系统实现猪精子的图像采集，并显示到计算机的显示器上，按一下自动分析按钮，软件自动计算出精子的密度、活率，并对活动精子进行分级，在软件中输入目标稀释密度和当前猪精液量，即可计算出需要添加的稀释液，并根据分装方式计算出分装瓶数。

② 迈朗动物精子分析仪　迈朗动物精子分析仪是针对不同动物物种精子图像特征，采用共轭高反差精子光学成像照明装置及 MAILANG 计算机精子扫描计数板专利技术研发的动物 CASA 系统。

③ 西班牙 Magapor 全自动精子分析系统　西班牙 Magapor 全自动精子分析系统是专门为猪人工授精中心设计的精液质量检测系统。系统组成：带恒温载物台和相差三目显微镜（100×、40×、10×相差，和 4×的物镜），摄像机，WindowsXP/VISTA/7 系统的电脑，Magavision 分析软件。

④ 法国 CEROS Ⅱ计算机辅助精子分析系统　法国 CEROS Ⅱ计算机辅助精子分析系统主要配置：CEROS Ⅱ Zeiss 024905 蔡司三目相差显微镜（Axiolab Ⅰ），10×负相差物镜（Zeiss A - Plan 10×Ph1）；CEROS Ⅱ Olympus 024904：奥林巴斯三目相差显微镜，10×负相差物镜；23 英寸宽屏高清显示器（1 920×1 080）；高分辨率单色数码 CCD 摄像机；便携式 MiniTherm 温控平台，温控范围室温（40±0.1）℃。卡片夹合设计，可使检测玻片与温控平台贴合更加紧密；同时配有台式计算机和 Boar Breeder 专用分析软件。

⑤ 美国 NatureGeneHST CASA 精液分析系统　NatureGeneHST CASA 精液分析系统又称自然基因 HST Sperm Tracker 精液分析系统、NatureGene Sperm Tracker 精液分析系统。

HST 整套系统由显微放大、数字快速捕捉、软件包、工作站等组成。

HST Sperm Tracker 主要配置：计算机与显示器、运动性分析特殊计数板（一次性计数板如 Leja、重复用计数板如 Makler）、三目正置透射光实验室级显微镜与 MMC（SPERMSOFT）软件一起的 USB 数字高速摄像头等。

⑥ 德国 minitu 全自动精子质量分析系统　德国 minitu 全自动精子质量分析系统是一款带有精子自动形态分析模块的 CASA，以生产线速度检测异常精子并进行分类。

⑦ 以色列 SQA - V 自动精子质量分析仪　以色列 MES 公司研发的 SQA - V 全自动精子质量分析仪通过光电技术，计算机等技术，对新鲜精液、冻融精液等进行精子密度、精子活率、精子形态等检测，V - Sperm PC 管理软件，视频、数据结果可直接转存电脑。

（10）精液稀释系统　为提升精液稀释效率，在大量生产精液产品时可采用精液稀释设备自动稀释精液。

西班牙 Magapor 设计制造的 Eextender box 全自动稀释液准备机又称稀释液全自动制取机，可自动计算最佳的稀释比，在规定的温度、时间和比例下，将蒸馏水和稀释粉进行稀释混合，制成稀释液。

世博（SCHIPPERS）稀释液恒温磁力搅拌桶能够自动完成升温、保温、搅拌等程序，替代烧杯、水浴锅、磁力搅拌器等多台仪器功能，充分均匀搅拌。放入适量纯水，开启电源，设定温度为35℃，加入稀释粉，开启搅拌器，达到设定温度后，即可适量取用（图4-7）。

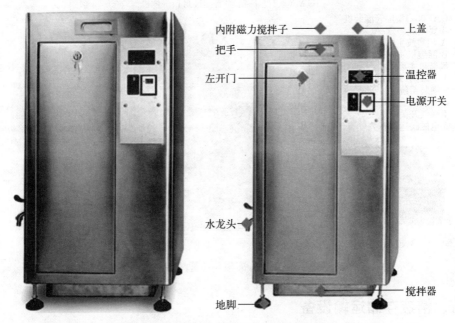

图4-7　世博畜牧稀释液恒温磁力搅拌桶

四、分装设备

根据精液生产需求和经济条件，选用不同类型的分装、分封设备。

（1）手动精液分装机。

（2）半自动灌装机　适用范围：半自动机一般适用于中小型人工授精中心。

半自动精液灌装机有袋装、管装两种。

半自动封装机常用品牌：世博青岛畜牧设备有限公司经销的半自动连续精液袋封口机、猪仙子经销的西班牙Magapor半自动精液灌装机等。

袋装半自动精液灌装机基本结构：卷袋装置、封装系统。

Magapor半自动精液灌装机适用于多种规格的精液袋。灌装效率为每小时250袋。

半自动精液管灌装机主要由灌装系统和便携式蠕动泵两部分组成，每个周期（10 s）可灌装8个管。

半自动精液灌装机需要使用者控制"封压时间"和"冷却时间"（注意灌装机周期），热封的地方是机器自动的，精液袋/管需要手动移动。

（3）全自动精液分装、灌装机　全自动精液分装机多为袋装，可自动灌装、自动打印标签，分装速度达每小时数百袋至千袋，可提高精液分装的连续性，有利于精液的运输保存，提高精液商品化生产的效率，同时提高输精连续性。

全自动精液分装机主要结构包括卷袋装置、灌装装置、分切装置及操控系统等。

（4）冷冻精液细管分装机　冷冻精液多为细管分装，细管分装机基本结构包括：灌装系统、贴标系统、程序冷冻等。GAF03－1型细管灌装机如图4－8所示。

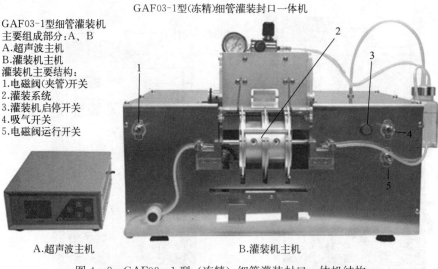

GAF03-1型(冻精)细管灌装封口一体机

GAF03-1型细管灌装机
主要组成部分：A、B
A.超声波主机
B.灌装机主机
灌装机主要结构：
1.电磁阀(夹管)开关
2.灌装系统
3.灌装机启停开关
4.吸气开关
5.电磁阀运行开关

A.超声波主机　　　　　　　　B.灌装机主机

图4－8　GAF03－1型（冻精）细管灌装封口一体机结构

五、精液存储运输设备

精液常用运输保温箱、恒温箱保存（图4－9），冷冻精液需要液氮罐保存。

猪仙子HOT车载冰箱　　　猪仙子育种恒温箱0～25℃可调

17℃精液恒温箱

图4－9　精液常用运输保温箱、恒温箱

液氮罐及主要配件：以东亚液氮罐产品为例。图 4-10 中产品依次为：YDS-35 储存型液氮罐、运输型液氮罐 YDS-10、保护套、脚踏式液氮泵。

液氮罐多为铝合金或不锈钢制造，分内外两层。

贮存型液氮罐基本结构：外壳、内胆、绝热颈管、提桶、盖塞等。

外壳：液氮罐外面一层为外壳，其上部为罐口。

内槽（内胆）：液氮罐内层中的空间称为内槽，一般为耐腐蚀性的铝合金，内槽的底部有底座，供固定提筒用，可将液氮及样品储存于内槽中。

夹层（绝热）：夹层指罐内外两层间的空隙，呈真空状态。抽成真空的目的是为了增进罐体的绝热性能，同时在夹层中装有绝热材料和吸附剂。

图 4-10　液氮罐及主要配件

颈管：颈管通常是玻璃钢材料，将内外两层连接，并保持有一定的长度，在颈管的周围和底部夹层装有吸附剂。顶部的颈口设计特殊，其结构既要有孔隙能排出液氮蒸发出来的氮气，以保证安全，又要有绝热性能，以尽量减少液氮的气化量。

盖塞：盖塞由绝热性能良好的塑料制成，以阻止液氮的蒸发，同时固定提筒的手柄。

提桶：提筒置于罐内槽中，其中可以储放细管。提筒的手柄挂于颈口上，用盖塞固定住。

运输型液氮罐基本结构：为满足运输的条件，运输型液氮罐在贮存型结构基础上，作了专门的防震设计，加装了支撑结构，具有储存、运输双重功能。除可静置贮存外，还可在充装液氮状态下运输，但运输途中仍须避免碰撞和震动。其缺点是作为储存罐使用时液氮消耗快，储存的时间短，如 10 L 液氮运输罐标准贮存时间为 52～64 d，30 L 液氮运输罐的静止保存液氮时间为 156～182 d。

液氮罐还应配有液氮泵，如自增压液氮罐还要用到自增压式液氮泵。

六、实验室规划注意事项

（1）实验室应该减少非必需窗户，减少粉尘由窗进入，防止紫外线直接照射精液；

（2）生产实验室需要设置通风系统保障室内空气流动；使用空调保持室温处于 22～24 ℃；

（3）生产实验室中只放置生产必需的物资和设备，以降低清洁和消毒的难度；

（4）实验室台面布局应当尽可能拉近工作站之间的距离，并且呈直列式工作流程，这样可以极大提高工作效率；

（5）定期更换空调过滤器，减少污垢和细菌通过空气散布的机会；

（6）实验室设备设施应当可移动（带轮）或者与地板留出开放空间（15～20 cm），这样方便对下方区域定期清洁和消毒；

（7）所有表面（天花板、墙壁、地板、台面、家具）均由适当材料制成，构造形式应易于清洁并可以消毒；

（8）在墙壁、地面、管道、电线之间，应减少缝隙、直角等难清洁的区域；

（9）实验室电源配置应当有预留接口和电流，保证后续添加设备的安全运行；

（10）实验室应当有网络覆盖，方便生产信息直接通过网络传输；

（11）因为泡沫箱消毒困难且用量比较大，所以精液包装间建议设置在公猪站门卫处。生产中可在储藏间将精液用铝箔等保温材料初步包装，用恒温箱转运至包装间进行后续打包处理。这样可以减少泡沫箱等包装材料入场，降低生物安全风险。运输前精液需要进行3～4层包装，具体情况要与接收精液的母猪场进行沟通而定。

第三节　场内人工授精站或人工授精室的建立

场内人工授精是在标准化猪场的前提下，增加采精室、实验室，配备必要的设备即可。

一、场内人工授精站构成

场内人工授精站大致由以下部分组成：

（1）新公猪隔离检疫区。

（2）公猪养殖区、养殖栏与养殖圈舍。

（3）精液采集区，主要配置为假台猪。理想的采精场所应同时设有室外和室内采精场，并与人工授精操作室和公猪舍相连。

（4）人工授精实验室，配置显微镜等必要设备，满足采精、精液检测、精液稀释储存、输精等技术需求。

（5）输精区一般设在母猪舍一端（图4-11）。

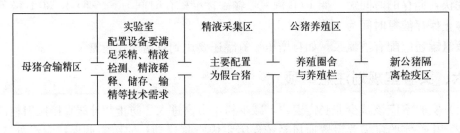

图4-11　场内人工授精站构成

建好人工授精站（室），购进必要设备后，就可以引进、饲养、调教、训练种猪，继而开展采精、质检、稀释、储运、输精等技术环节的工作。

在此基础上开展人工授精，扩大优良基因种群，加快遗传进展，满足市场需求。

二、场内人工授精站的配置

资金雄厚的大型现代化猪场，其配置往往同社会化人工授精站。

小型猪场人工授精站因为以本场范围内采精、稀释、输精为主，所需设备相对简单，主要仪器配置电子天平、显微镜、精子密度仪、恒温水浴箱、17℃精液保存箱、干燥箱、37℃恒温板、保温杯、精液冷藏箱等。

三、场内人工授精室的设备、器械与耗材

主要设备：显微镜（100～400倍）、精子密度测定仪、电子天平、恒温水浴锅、恒温精液保存箱、pH计（试纸）、精子计数器、移液器等。

小型猪场一般配置：普通光学显微镜、恒温载物台、水浴锅、电子天平、磁力搅拌器、恒温冰箱等。

场内人工授精实验室主要器皿、耗材：

（1）集精杯 外观类似于保温杯，容量250、500、1 000、2 000 mL，常用500 mL。

（2）耗材消耗品 过滤纸、纱布、采精袋、乳胶手套、稀释粉、润滑剂、输精瓶、输精管等。

（3）按照保存需要，选择短效、中效、长效稀释粉备用。

（4）其他器皿 温度计、量筒、烧杯、保温瓶、玻璃棒等（表4-4）。

表4-4 场内人工授精实验室主要设备、器皿、耗材表

主要设备、器皿			主要耗材	
显微镜	干燥箱	温度计	一次性PVC采精手套	过滤纸
电子天平	磁力搅拌棒	量筒	输精瓶（40、80、100 mL）	纱布
精子计数器	精子密度仪	烧杯	pH计（试纸）	采精袋
恒温水浴锅	恒温精液运输箱	保温瓶	润滑剂—人工羊水	蒸馏水
恒温载物台	17℃精液保存箱	采精杯	输精管（常规、深部输精管）	消毒剂
计算机	操作台	玻璃棒	稀释粉（短效、中效、长效）	移液器

第四节 中小型人工授精站

一般，县、乡（镇）级猪人工授精站饲养种公猪规模与配置介于区域人工授精站和小型场内人工授精站之间。公猪饲养量几十头到百头，服务范围比区域人工授精站小，配置相对低。

采精室：一般在公猪舍的一端，为独立的房间，是用来采集精液的地方。面积5～6 m²（如2.2 m×2.5 m），要求宽敞、平坦、清洁、安静，地面防滑易清洗。假猪台一般固定在采精室的中央或一端靠墙，以一端靠墙较为方便。可背铺适当厚度的弹性软物，外包一张经过处理的猪皮或橡胶皮，要求稳固可升降以便为不同高度公猪采精。在假猪台后面或周围铺设弹性较好的防滑垫。

采精室还要设置工作人员安全区，在公猪发怒或咬人时以便工作人员的躲避，安全区一般设在采精室的四个角或与假猪台平行的靠墙两侧，周围用水泥柱或粗钢管（直径10 cm）竖起，高120 cm，间隔距离约27 cm。

精液传递窗：位于采精室与精液制作室之间，宽50 cm、高40 cm，墙两边设可推拉的玻璃门。

精液处理室：要求内设工作台和清洗用具用水池，内墙用瓷砖铺面，安装空调机和紫外线消毒灯。

功能区：包括用具清洗和双蒸水制备区、稀释液配制区、精液品质检查区、精液稀释区、精液分装区、精液保存区、精液发放区等。

仪器设备和用具：

（1）所需的主要设备 精子密度测定仪、显微镜、37 ℃恒温板、电子天平、磁力搅拌器、17 ℃精液保存箱、水浴锅、双蒸水器、干燥箱、电脑。

（2）所需的主要用具 载玻片和盖玻片，精子计数器，血细胞计数板，电子显示温度计，1 000、2 000、3 000 mL烧杯，大塑料杯，玻棒，大玻璃瓶，微量加样器和吸头，集精杯，一次性塑料袋，一次性薄膜手套，精液输送箱，纱布或过滤纸等（表4-5）。

表4-5 小型公猪站（40头）设备耗材清单

名 称	规格	单位	单价/元	数量	金额预算/元
17 ℃恒温冰箱	50 L	台	1 500	1	1 500
恒温水浴锅	2孔	台	850	1	850
恒温载物台	国产	台	800	1	800
防滑垫	国产	张	300	1	300
采精杯	500 mL	个	20	2	40
塑料量杯	2 L	个	20	4	80
输精管、瓶	常规	套	1.2	1 000	1 200
润滑剂	丹麦	瓶	20	2	40
稀释粉	国产	包	12	100	1 200
温度计	50 ℃	支	5	4	20
电光源显微镜	160～640倍	台	750	1	750
电子台秤	0.5～3kg	台	800	1	800
假母猪台	高度可调	台	800	1	800
精液运输箱	短程保温	个	150	1	150
采精袋	120个/包	包	15	2	30
采精手套	200只/包	包	20	2	40
过滤纸	100张/包	包	20	5	100
载玻片	50片/盒	盒	15	2	30
盖玻片	100片/盒	盒	10	5	50
合计					8 780

人工授精站或人工授精室的建成与配置完善，为公猪引进、饲养、调教、采精、检测、稀释、分装、输精等项的实施，创造了必要条件。

第五节 公猪的选育与管理

提高公猪精液品质和配种能力，应经常保持营养、运动、配种利用三者间的平衡，若失去平衡，就会产生不良的结果。

一、公猪选择

公猪来源有两个，一是自繁自育，二是引进。生产上，公猪选择一般为纯种，但育种场育成阶段一般需要导入外血，用杂交公猪；也有生产四品种杂交商品猪，杂交模式类似于配套系。

1. 种公猪的引进 种公猪引进可以从国外或国内知名育种企业引进著名品种活体公猪或精液。

活体公猪，必须是从无传染病区域、猪场引进，且系谱档案齐全、体貌标准、躯体健康、无遗传缺陷、体重在 $50\sim70\,kg$ 的培育阶段公猪。引进后经过隔离观察，确认无传染病者转入公猪舍进行培育和后续的调教等。

引进冷冻精液，按照相关技术规范解冻，通过人工授精获得繁殖后代，再进行自繁培育。

2. 自繁自养公猪 通过对品种、品系、家系等性能比较，确定本场发展方向和选留目标，首先根据出生的仔猪身世进行筛选，然后根据各饲养阶段性能，逐级筛选。无论是自繁自育还是引进，都要从品种、体躯、性器官、性能等全方位考虑。

（1）品种特征 不同的品种具有不同的特征。种公猪的选择首先必须具备典型的品种特征，如毛色、耳型、头型、体型外貌等，必须符合本品种的种用要求，尤其是纯种公猪的选择。

（2）体躯结构 种公猪的整体结构要匀称，头颈、前躯、中躯和后躯结合自然、良好，眼观有非常结实的感觉。头大而宽，颈短而粗，眼睛有神，胸部宽而深，背平直，身腰长，腹部大小适中，臀部宽而大，尾根粗，尾尖卷曲，摇摆自如而不下垂，四肢强壮，姿势端正，蹄趾粗壮、对称，无跛足。

（3）性特征 种公猪要求睾丸发育良好、对称，轮廓清晰，无单睾、隐睾、赫尔尼亚（疝），包皮积尿不明显。性机能旺盛，性行为正常，精液品质良好。腹底线分布明确，乳头排列整齐，发育良好，无翻转乳头和副乳头，且具有 $6\sim7$ 对以上。

（4）生产性能 种公猪的某些生产性能，如生长速度、饲料转化率和背膘厚度等，都具有中等到高等的遗传力。因此，被选择的公猪都应该在这方面测定它们的性能，选择具有最高性能指数的公猪作为种公猪。

（5）个体生长发育 个体生长发育选择，是根据种公猪本身的体重、体尺发育情况，测定种公猪不同阶段的体重、体尺变化速度，在同等条件下选育的个体，体重、体尺的成绩越高种公猪的等级越高。对幼龄小公猪的选择，生长发育是重要的选择依据之一。

（6）系谱资料 利用系谱资料进行选择，主要是根据亲代、同胞、后裔的生产成绩来衡量被选择公猪的性能。具有优良性能的个体，在后代中能够表现出良好的遗传素质。系谱选择必须具备完整的记录档案，根据记录分析各性状逐代传递的趋向，选择综合评价指数最优的个体留作公猪。

大白猪、长白猪、杜洛克种猪选种流程见表 4-6。

表 4-6 种公猪猪选种流程

品种	初生	保育	30~100 kg	100 kg 终测后
大白猪	同期母猪指数后 40%~50%母猪分娩的留 1 头，同期母猪指数前 50%~60%全留（同窝有遗传缺陷淘汰）	阉割发育不良、体形差、有缺陷个体，占 20%~25%	及时淘汰发育不良、有缺陷个体	最好的 1%~3%
长白猪	阉割发育不良、有缺陷个体，占 10%~15%	阉割发育不良、体形差、有缺陷个体，占 10%~15%	及时淘汰发育不良、有缺陷个体	最好的 1%~3%
杜洛克	阉割发育不良、有缺陷个体，占 10%~15%	阉割发育不良、体形差、有缺陷个体，占 10%~15%	及时淘汰发育不良、有缺陷个体	最好的 1%~3%

二、公猪培育

公猪培育一般指从断奶后育成到实际参加配种前的饲养阶段，大约需要半年以上。

公猪在养猪生产和育种等方面具有举足轻重的地位，饲养后备公猪的目标性状、饲养时间与商品肉猪截然不同，所以培育方法应有一定差异。后备公猪培育与商品猪培育的差异表现见表 4-7。

表 4-7 后备公猪培育与商品猪生产的差异表现

项目比较	后备公猪培育	商品肉猪生产
目标追求	培育出承担主要繁育任务的种公猪	快速生长、发达的肌肉组织
饲养期限	种公猪全程饲养期一般 3~5 年，最短 2 年	引进品种全程饲养期一般为半年，地方品种 1~1.5 年
体貌结构	整体匀称，性器官发育良好，繁殖性能优异	对体貌结构无特殊需求
饲养要求	过度饲养影响或抑制将来的繁殖性能	从饲养成本出发，一般不会过度饲养
饲养标准	饲养标准比商品猪高	除仔猪阶段，一般粗蛋白 14%，代谢能 13 MJ

商品肉猪生产，即使是地方品种也不过一年半载，就会被屠宰成为人们的盘中餐、口中肉；而种用公猪将承担 3~6 个世代的繁殖任务，全程存活期 3~5 年，最短的 2 年左右。

商品肉猪仅仅负责自身的生长发育，吃饱吃好即可。种公猪一旦确认被选留，本交每周至少配种一次，人工授精采精 2~3 次，没有节假，工作任务繁重且持续时间长，如果后备阶段给予过度饲养，会产生过高的日增重、过度发达的肌肉和脂肪沉积，影响或抑制将来的繁殖性能的发挥。

实际生产中，应根据公猪生殖生理、生长发育特点和繁殖需求，从多方面进行科学饲养和培育。

公猪的初情期（第 1 次排出具有受精能力的精子）一般都略晚于母猪，不同品种的公猪初情期不同。我国地方品种公猪的初情期一般 3～4 月龄，培育猪一般为 6～7 月龄，外来瘦肉型品种一般 7～8 月龄。一般在公猪 8 月龄、体重达 120 kg 以上参与配种。

公猪性成熟后，睾丸生精小管上皮的精原细胞持续存在，精子陆续生成，从精原细胞有丝分裂到精子成形需要 44～45 d。因此，公猪性行为不表现周期性，每周可交配或采精 1～5 次。除非受到异常因素如年龄、营养、环境、疾病等影响。

繁殖公猪要求整体结构匀称、性器官发育良好、性能优异。达到上述要求，须从出生、断奶、中猪等各阶段加强筛选，并辅以科学培育，使之达到优秀、持久、后代旺盛。

1. 科学限量饲喂　使后备公猪各部位和组织器官适度发育、系统平衡，具有强壮的体格，结实的骨骼，良好的消化、血液循环和生殖器官，适度的肌肉和脂肪组织，以适应将来的繁殖重任。后备猪体重达 50 kg 后，适量饲喂青绿多汁的饲料，锻炼消化器官。体重 80 kg 以上时，日喂量占体重的 2.0%～2.5%，日粮中消化能 11.7～12.1 MJ/kg，粗蛋白每千克饲料中 18%～20%，保证充足的矿物质、微量元素、维生素等（表 4-8）。

表 4-8　公猪各阶段饲养标准

体重/kg	20～35	35～55	55～80	80～105	105～150
蛋白/%	18.5	17	16	15	15
赖氨酸/%	1	0.9	0.75	0.7	0.7
日采食量/kg	1.6	2	2.6	3	2.5

2. 运动强身健体　可促进公猪食欲和消化，增强体质，避免肥胖，提高配种能力。因此，在非配种期和配种准备期要加强运动，配种期要适度运动。运动不足会使公猪贪睡、肥胖、性欲低。四肢软弱且多发肢蹄病，影响配种效果。

3. 亲和调教训练　公猪早期调教关系到采精的成败。采精，是人与公猪的共同工作，实践表明，公猪过凶人怕猪不敢采，怕人的公猪性欲差不易采，可见人与公猪的和谐相处是采精的关键。为使人、猪和睦，动作协调，便于将来采精、配种等操作管理，从幼猪阶段开始，利用每天喂食、定期称量体重和采精调教等机会，进行口令和触摸等亲和训练，禁止呵斥与打骂。

4. 日常管理　后备公猪同样需要防寒保温、防暑降温和清洁卫生等环境条件和管理。可分为单圈喂养和小群喂养两种方式。单圈喂养减少外界干扰，公猪安宁，食欲保持正常，节省饲料。小群喂养公猪必须从小合群，一般两头一圈，最多不能超过 3 头。小群饲养便于管理，适应规模养猪，有利于提高圈舍利用率和饲养效益。

夏季高温，公猪易遭受热应激，会明显降低精液品质，甚至发生严重死精。一般认为生精功能产生障碍的极限温度为 30 ℃，相对湿度为 85%。在一般情况下，猪的睾丸温度比体温低 4～5 ℃。一旦高温引起睾丸温度升高，就产生繁殖力下降的不良后果，环境温度 35 ℃下饲养的公猪与 15 ℃下饲养的公猪相比，前者射精量下降 8.6%，精子数下降 11.5%，受胎率下降 13.3%。因此，必须因地制宜采取防暑降温措施，如采用通风、洒水、洗澡、遮阴等方法，防止热应激的负面效应。

公猪应定期称重，以便及时调整日粮。经常检查精液品质，以调整营养、运动和配种次数。妥善安排公猪的饲喂、饮水、放牧、运动、刷拭、日光浴和休息，使公猪养成良好生活习性，以增强体质，提高配种能力。

5. 严格淘汰 种公猪对后代生产力乃至在遗传资源保护等有重大作用。培育过程中，如发现体貌、器官、躯体、繁殖性能（性欲、精子生成数量、精子的成活率和受孕力）等不符合留种的个体，随时淘汰。

三、公猪调教

公猪调教一般是指对后备公猪进行爬跨（台猪）和采精训练，使其尽早适应并建立良好的条件反射。10 月龄以下的公猪调教成功率为 92%，而 10～18 月龄的成年调教成功率仅为 70%，故调教时间一般在 6～7 月龄。这样，饲养调教 30 d，当后备公猪 8 月龄以上，体重达 120 kg 以上即可开始使用。

调教公猪时，要求采精员耐心、温和、细心，达到"人畜亲善"，不能殴打或用粗鲁的动作干扰公猪。先调教性欲旺盛的公猪；对于那些对假母台猪不感兴趣的公猪，可以让它们在旁边观望或在其他公猪配种时观望，以刺激其性欲的提高；对于后备公猪每次调教时间不超过 15～20 min，每天可训练一次，但一周最好不要少于 3 次，直至爬跨成功。

后备公猪的采精调教是猪人工授精工作的基础。采精调教分常规台猪调教、电动刺激两种方法。

台猪调教：台猪调教主要是指让种公猪利用采精台（假母猪或活台猪）顺利完成爬跨和射精的过程。

公猪的性反应或性兴奋是一种复杂的神经反射生理过程，它的启动和发展需要一定的条件刺激才能形成。为有效促进公猪的性反应，在公猪调教前需做好如下准备。

1. 专用场地 公猪的采精调教一般应在固定的场所（整洁、干净的调教室或采精室）进行，当公猪被赶至固定的采精场所时即会形成稳定的条件反射，很快引起公猪的性兴奋。公猪的采精场所应宽敞、平坦、安静、清洁，场内设有采精台，面积需 10～20 m²，场内地面应平整不滑有弹性。大中型猪场或专职人工授精站应建设固定的采精室，以保证稳定的采精环境和采精效果（图 4-12）。

2. 台猪（假台猪或活台猪）**的准备** 清理假台猪、真台猪、自动采精架等。活台猪也称真台猪，指使用与公猪同种的母猪。发情旺盛的母猪是诱导公猪性兴奋的良好刺激物，具有生动活泼、形象真切、诱导高效等特点，因此活台猪应健康、体壮、大小适中、性情温驯、四肢有力。

种公猪的调教：将公猪赶到假台猪旁，让种公猪与假台猪接触，如不爬跨可在假台猪后涂抹发情母猪的尿液，再不爬跨可以赶它到附近地方走一圈，而后再赶到假台猪旁，头几次可用多个人围起公猪，迫使爬跨假台猪。还可以在假台猪近旁放一头发情猪。

图 4-12 室内采精栏和采精室

3. 调教与训练 后备公猪达到性成熟以后会烦躁不安，经常相互爬跨、无心吃食。当后备公猪达 8~9 月龄，体重 120 kg 左右达到性成熟后，实行单栏饲养、合群运动，体况良好并开始进行采精调教。过早调教，种公猪生理上未发育成熟，体型较小，爬跨假台畜困难，会使其产生畏惧心理，对种公猪的调教造成不良影响；过晚调教，种公猪体格过大、肥胖、性情暴躁，不易听从调教员的指挥，严重的会攻击调教人员，调教难度增大。

可诱导训练公猪爬跨假母台、爬跨发情母猪。爬跨假母台一般需要连续 1~2 周、爬跨发情母猪 3~5 d 即可完成采精训练。

4. 调教训练的方法

① 观摩训练 先调教性欲旺盛的公猪，将后备公猪放在采精配种能力较强的老公猪附近隔栏观摩、学习爬跨及人工采精。

② 诱导爬跨 用发情母猪的尿或阴道分泌物涂在假台猪上，也可以用其他公猪的尿或口水涂在假台猪上，诱发公猪的爬跨欲。上述方法都不奏效时，可赶来一头发情母猪，让公猪空爬几次，在公猪性兴奋时，赶走发情母猪。

③ 本交诱导 对于经过多次训练始终只爬跨母猪，而对采精架无兴趣的公猪可先通过本交与母猪配种，加大配种频率，每天一次，保持 3~4 d，休息 3~5 d 之后再本交 3~4 d，连续 2~3 次，之后放置在采精栏旁边，只让它看到别的公猪采精，而不让它参与本交，保持 10~15 d 不使用，之后赶到采精栏内训练。

④ 药物刺激 当公猪性欲不强或自然状态下对公猪调教有困难，可在限位栏给公猪注射律胎素 0.75 mL/头，然后将公猪放在赶猪道或热身栏内热身约 10 min，让律胎素发挥作用，最后将公猪赶至采精栏调教，充分让其爬跨假台猪进行采精。先将假台猪调整到与公猪肩膀相同的高度，再将注射过律胎素的公猪赶到采精栏里。先让公猪适应采精栏的环境，与此同时，给下一头准备采的公猪注射律胎素，然后将其放入赶猪道或热身栏。

调教成功的公猪在一周内每隔 1 d 采 1 次，连续采精 3 d，巩固其记忆，以形成条件反射；对于难以调教的公猪，可实行多次短暂训练，每周 4~5 次最多 15~20 min；如果公猪表现受挫或失去兴趣，应该立即停止调教训练。

调教种公猪采精的主要步骤：①将待调教的后备公猪引导赶进采精室，关上栅栏门，防止公猪逃跑；②敲击台猪吸引公猪注意；③在台猪蒙布上涂抹发情母猪尿液，或生殖道分泌物，或公猪精液；④用涂抹发情母猪尿液或生殖道分泌物或公猪精液的布片诱导公猪爬跨猪台。

后备公猪调教与成年种公猪调教方法类同。

5. 电动采精调教公猪 电刺激采精器由电子控制器和电极探棒两部分组成。本法是利用电刺激采精器，通过电流刺激公猪引起射精而采集精液的一种方法。

（1）将公猪以站立或侧卧姿势保定，必要时可采用药物如保安宁、静松灵或氯胺酮等镇静。

（2）保定后，剪去包皮及其周围的被毛，并用生理盐水冲洗、拭干。

（3）将电极探棒经肛门缓慢插入直肠，达到靠近输精管壶腹部的直肠底壁，插入深度20～25 cm。

（4）调节控制器，选择好频率，开通电源。调节电压时，由低开始，按一定时间通电及间歇，逐步增高刺激强度和电压，直至公猪伸出阴茎，勃起射精，将精液收集于附有保温装置的集精瓶内（图4-13）。

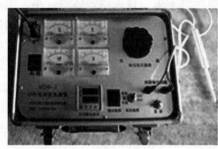
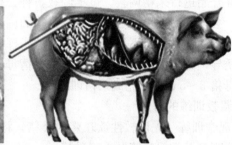

电刺激采精器控制系统 电刺激部位

图4-13 电刺激采精控制器与电刺部位

以一定电流刺激公猪输精管壶腹部或荐部神经，使之兴奋并产生射精反射。这种方法需要借助电刺激采精器，并且要求对公猪进行麻醉或保定。在选择电流参数时注意由低到高，以防伤害腰荐部神经。

采精时通常将电极的探头插入直肠内近腰角处刺激公猪射精中枢而射精。用电刺激法采得的精液量多，但精子浓度较低，受胎率和精子总数与假阴道法相近。

四、公猪营养

1. 营养需要 喂给公猪营养价值高的日粮，实行合理的饲养，才能使公猪经常保持种用体况，体质结实，精力充沛，性欲旺盛，精液品质好，配种成绩高。而营养水平过高，可能会使公猪体内脂肪沉积过多，变得过于肥胖；营养水平太低，会使公猪体内的脂肪和蛋白质损耗，形成碳和氮负平衡，变得过于消瘦。

2. 饲养方式 根据公猪一年内的配种任务，分为两种饲喂方式：①一贯加强的饲喂方式，母猪实行全年分娩，公猪就需负担常年的配种任务，为此，一年内都要均衡地保持公猪配种所要求的营养水平；②配种季加强的饲养方式，母猪实行批次性分娩，在配种季开始的前一个月，对公猪逐渐提高营养水平，配种季保持较高的营养水平，配种季过后，逐渐降低营养水平。

3. 饲料与饲喂技术　饲喂公猪应定时定量，每次不要喂得过饱，体积不要过大，应以精料为主，以避免造成垂腹而影响配种利用。宜采用生干料或湿料，加喂青绿多汁饲料，供给充足清洁的饮水。

种公猪的繁殖性能主要受遗传、环境、营养和管理等因素的影响。营养是维持种公猪生命、产生精子和保持旺盛配种力的物质基础，是影响其繁殖潜力的主要因素。在环境条件和管理水平相对一致的情况下，营养因素将直接影响到种公猪繁殖潜力的发挥。

种公猪繁殖性能主要包括精液的质量、精子的活力、精液的产量、公猪的性欲和公猪使用年限等，而精液品质是衡量公猪繁殖性能的主要指标。

精液由精子与精浆液组成，精浆液的主要成分为水，占90%以上，其他成分有脂肪、蛋白质颗粒、色素颗粒、磷脂小体、胺类、游离氨基酸、无机盐、酶类、糖类等，都来源于公猪摄取的营养物质。

在实际生产中，应依据公猪的体况、配种任务和精液的数量与质量，来确定其饲养标准和营养需要量。

一般种公猪在配种期的营养调配比非配种期要高。

公猪的初配月龄：一般地方品种在7~8月龄，体重80~100 kg；国外引入品种，应在8~9月龄，体重100~130 kg开始初配。

过肥公猪睾丸脂肪化；粗蛋白过高引发精子畸形。

非配种期：非配种期包括后备培育阶段。种公猪在非配种期间饲养标准略低于配种期。一般70 kg之前饲养同生长育肥猪，任其自由采食，粗蛋白水平一般13%~14%。

配种期：种公猪在配种期间饲养水平，应给以较高的饲养标准。配种期饲粮每千克消化能不低于12.97 MJ，粗蛋白质14%~16%。蛋白质饲料的种类、来源尽可能多样化，以提高蛋白质的生物学价值。为提高种公猪的配种力，日粮中可添加5%的动物性饲料。日粮钙磷比以1.25∶1为宜。此外，还应补充硒、锰、锌等矿物质元素，建议每千克饲粮中分别不少于0.15、20、50 mg。如日粮中缺乏维生素A、维生素D、维生素E，公猪的性反射降低，精液品质下降；如长期严重缺乏，会使睾丸肿胀或干枯萎缩，丧失配种能力。烟酸和泛酸也应适时补充（表4-9）。

表4-9　不同阶段母猪和公猪饲养标准比较

饲养阶段	种母猪		种公猪	
	粗蛋白/%	消化能/MJ	粗蛋白/%	消化能/MJ
后备母猪	15~16	12.54~12.96		
非配种期	13~14	11.7~12.12	12	12.55
配种期	14~16	12~13	15	12.96~13.38
妊娠期	12~13	12.54~12.96		
哺乳期	13.5	12~13		

注：配种期种公猪需适量补充生鸡蛋或牛奶。

五、公猪的利用与管理

合理的管理与全价的日粮同样重要，公猪应生活在洁净干燥，阳光充足，空气新鲜的环境条件。

1. 配种利用 配种利用是饲养种公猪的唯一目的，它不仅与饲养管理有关，而且在很大程度上取决于初配年龄和利用强度。公猪初配前应进行调教，对引入的国外品种尤为重要。公猪精液品质的优劣和利用年限的长短，除受营养和饲养管理条件的影响外，在很大程度上取决于利用强度。公猪利用过度，精液品质下降，从而影响其受胎率，降低配种能力并缩短公猪利用年限。反之，如长期不用，也会造成性欲减退，繁殖力降低，且不经济。采精频率对采精量的影响较小，而对一次采得的精子总数和一次采得的活精子总数影响较大。

在配种季节，2岁以上的成年公猪1 d配种1次为宜，必要时也可1 d 2次，但不能天天如此，如公猪每天连续配种，每周应休息1～2 d。青年公猪，每2～3 d配种1次。在本交情况下，1头公猪可负担20～30头母猪的配种任务。

2. 青年公猪的饲养管理

(1) 用于繁育的青年公猪必须尽可能与猪群同饲，以使其社会行为与性行为正常发生；

(2) 群圈中给予青年公猪独立的饲喂，对充分发挥其配种能力十分重要；

(3) 12周龄的公猪应与其他猪接触，以发展正常的交配行为；

(4) 饲养时活动空间的不足对公猪产生的危害将是长期的和难以克服的；公猪圈舍应以铁丝网围栏，活动空间9 m² 以上，且与母猪舍接近。

3. 青年公猪配种管理

(1) 适配年龄在6～7月龄；

(2) 6.5～7月龄开始，每周交配1～2次；

(3) 交配圈应干燥，地面不滑，无障碍物，无其他可引起伤害的物品；

(4) 开始的几次交配，应选择很温驯的青年母猪。

4. 成年公猪的饲养管理

(1) 为了维持高的性欲，增强发情的起始与维持，公猪圈应靠近母猪圈；

(2) 母猪对公猪性行为的最重要刺激因素是气味，其次是声音；

(3) 公猪圈应为其提供足够的活动余地（＞9 m²）；

(4) 地面应干燥，不打滑；

(5) 交配圈中应无喂料器、饮水器等障碍物或其他物品，以防公猪在交配时受伤；

(6) 持续的高温（日间温度40 ℃，夜间温度30 ℃）超过4 d会严重影响公猪繁殖力；

(7) 间歇式雾化喷水器，空调甚至良好的通风都有助于防止和减少对繁殖力的不良影响。

5. 成年公猪的配种管理

(1) 成年公猪每周应有4～6次（2～3头成年母猪）交配活动；

(2) 地面不滑，无可引起伤害的障碍物；

(3) 成年公猪的使用寿命可延长12月龄，在此期间，可每日交配，而不影响其精子活力。

第六节　采精调教与采精周期

一、采精调教

采精调教指对已经自然交配的公猪进行采精调教。

采精是人工授精的第一个环节，为保证采集到量多、质优、无污染的精液，必须严格按照有关操作规程，做好场地、台猪等各项准备，对后备公猪进行科学调教，以保证其充分的性行为表现。

若对已经进行过本交的公猪进行人工采精，需要进行采精调教。

采精调教方法与后备公猪调教类同。

二、采精周期

采精周期：根据不同年龄、不同品种，设定合理的采精周期和采精频率，形成良好的条件反射，可有效提高种公猪的利用率。

公猪每次射精并不是将全部精子排出，但若配种过勤，会导致精液中不成熟精子的比例升高；但若久不配种，则精子老化、死亡分解并被吸收（表4-10）。

表4-10　公猪采精周期

月　　龄	采精频率
8～10	7 d/次
10～12	14 d/3次
12以上	7 d/2次

采精间隔时间：采精间隔指两次采精之间的时间间隔；采精间隔时间是种公猪的射精量及精子有效存活时间重要因素之一。种公猪一般隔1 d采精1次。

固定采精频率（frequency of semen collection）：采精频率指在一定时间内（通常为次/周）采精的次数。一般是指每周内对公猪的采精次数。

采取合理的采精频率是延长种公猪利用年限的主要措施。

多数公猪习惯于给定的采精和配种频率，一旦习惯形成，靠增加采精频率不会提高精子产量。

一段时间内精子每天的产量不是相对稳定，控制采精频率与精子量的生理机制，可能是通过改变精子从附睾中释放量来适应采精频率的改变。为获得理想的精子量，采精频率必须稳定。

种公猪采精频率过高、采精过频这是种公猪利用的大忌。

为获得理想的精子量，采精频率的稳定比采精频率本身还重要。

公猪的配种强度和采精频率应与射精量和生精能力相匹配。

过高的采精频率或配种强度容易使公猪的性机能下降，导致射精量降低和不成熟精子增加。

如果种公猪配种或采精频率过高，一日两次或数次，会导致种公猪精液减少，精子密度低、活力差，严重的种公猪配种后出现流血现象。

资料报道，1岁的小公猪每天采精1次，连续采精3d，除了射精量减少以外，还出现发育不成熟的精子，精子尾部残留小滴，受精力下降。如果再继续使用，采出的精液无精子。停止采精利用，加强饲养管理，从生精细胞发育到精子成熟需要45~60d的时间，所以需要1年时间才能恢复使用。

采精频率以雄性生产精子的能力来决定（表4-11）。

表4-11 公猪精子产生与每周采精频率

公猪睾丸产生精子数	每克睾丸组织每天产生2 500万个精子 1头公猪的1对睾丸重1 000 g 则2 500万个×1 000 g×7 d＝1 750亿个/周	每周采精频率	1次射精量为250 mL，每毫升精子数大约2亿个 每次射精精子数为250 mL×2＝500亿个 每周采精次数为1 750亿个÷500亿个/次＝2.5次

采精频率过高则阻碍公猪的生长发育和缩短其使用寿命。

采精频率过低，经济上不划算，可能形成自淫射精恶癖，影响种公猪使用年限。

母猪配种时，进入生殖道的总精液量、精子密度、精子活力共同决定了进入生殖道的总有效精子数。因附睾内的精子排空以后再充盈至少需要3d时间，如果采精过于频繁，不但采精量少、密度小、活力低，且缩短使用年限。过高的采精频率或配种强度容易使公猪的性机能下降，导致射精量降低。

采精频率过低或长时间不采精，精子因为在附睾内长期滞留超过生理期限而死亡，整体活力水平降低。公猪的配种强度和采精频率应与射精量和生精能力相匹配。在猪场中应通过定期全面检查本交公猪精液的品质，对人工授精的公猪则应每次采精都要检查精液品质，并依据精液的质量指标调整公猪的配种强度或采精频率（表4-12）。

表4-12 公猪调教采精记录

栏号	耳号	间隔（d）	采精日期					

一般成年公猪每2d采精1次，每周不超过3次；青年公猪每3d采精1次，每周不超过2次，每周要休息1d。

调教期公猪每周采精一次，12月龄后每周采精2次，成年公猪（一般18月龄）每周2~3次。

在美国，10月龄之前每周采精1次，10~15月龄每2周采精3次，15周龄以上每周采精2次。

采精用的公猪的使用年限，美国一般为1.5年，更新率高；国内的一般可用2~3年，但饲养管理要合理、规范。超过4年的老年公猪，由于精液品质逐渐下降，一般不予留用。

>>> 第五章　母猪发情鉴定与人工授精

第一节　母猪发情鉴定

一、外部观察法

（一）发情与发情周期

母猪发情是在生殖激素的调节下，生殖器官和性行为等发生一系列由里及表的变化。这种变化包括内部变化和外部表现，内部变化是指生殖器官的变化，其中卵巢上卵泡发育的变化，是发情的本质，通常需要特定设备才能看到；而外部表现是可以直接观察到。通常根据母猪的精神状态、性行为、黏液分泌等临床征状，将发情周期分为发情前期、发情期、发情后期、间情（休情）期。

（1）发情期　有明显发情征状，相当于周期的第 1～2 天。

（2）发情后期　发情征状逐渐消失，相当于周期的第 3～4 天。

（3）间情（休情）期　性欲消失，精神和食欲恢复正常，相当于周期的第 4～15 天。

（4）发情前期　发情准备期，在周期的第 16～18 天。

发情周期实际是卵泡期和黄体期的交替变换过程，因此又可将发情周期分为卵泡期和黄体期。

（1）卵泡期　指卵泡从开始发育到成熟、破裂并排卵的时期，外阴充血肿胀。猪持续 5～7 d。

（2）黄体期　指黄体开始形成到消失的时期，即从卵泡破裂到新的卵泡开始发育的时期。

正确判断母猪所处发情阶段，预测排卵时间，是及时进行配种或人工授精，提高受胎率的关键。发情鉴定准确，则返情率就低，空怀猪就少，产仔率就高；错过发情周期，配种计划被推迟，生产周期受影响，造成资源浪费和减产降效。因此，要提高母猪的配种率，就必须能实时监测母猪的行为，从而准确判断出母猪是否发情以及最适人工授精时间。只有在发情持续到体内的相关激素水平达到最高峰的时候进行配种，才可以保证母猪本次排卵的卵细胞尽可能多地受精，从而获得较高的受配率和更多的受精卵，增加母猪的产仔数。越早发情的后备母猪其终生繁殖力越高。

母猪发情有一系列征状，通过相应的技术手段对这些征状加以检测，以便作出正确的判断，从而把握最佳人工授精时机，获得较高的繁殖成绩。在进行发情鉴定时，不仅要观察猪的外部表现，更重要的是掌握卵泡发育状况的内在本质特征，同时还应考虑影响发情的各种因素。只有进行综合的科学分析，才能做出准确的判断。因此，从简捷易行出发，母猪发情鉴定常由表及里，先外部观察，再用仪器探测。

（二）母猪发情期各阶段的表现

（1）发情前期　外阴部肿胀，阴道黏膜由浅红变深红，肿胀；阴道流出水样黏液，母猪不安、减食、东张西望、早起晚睡、爬跨，手压背部无静立反应，出现神经征状。喜欢接近公猪但不接受公猪爬跨。

（2）发情中期（适配期）　从接受公猪爬跨开始到拒绝爬跨时为止。母猪发情高潮阶段是发情征状最明显的时期，外阴部肿胀到高峰，充血发红，阴道黏膜呈深红色。母猪有瞪眼、翘尾、竖耳、排尿、背部僵硬、发呆等外部表现；站立不动，手压背部和骑背静立不动，愿意接受公猪爬跨和交配，是配种的适宜时期。

（3）发情后期　从拒绝公猪爬跨到发情征状完全消失的时期。此期母猪阴户肿胀逐渐消失，性欲减退，有时仍走动不安，爬跨其他母猪，但拒绝公猪爬跨和交配（表5-1）。

表5-1　母猪发情期典型症状

观察项目		发情初期	发情中期	衰退期
阴户外观	颜色	浅粉→粉红	亮红→暗红	灰红→淡化
	肿胀程度	轻微肿胀	肿圆，阴门裂开	逐渐萎缩
	表皮	皱襞变浅	无皱襞，有光泽	皱襞细密，逐渐变深
	黏液	无→湿润	潮湿→黏液流出	黏稠→消失
阴户手感	温度	温暖	温热	根部→尖端转凉
	弹性	稍有弹性	外弹内硬	逐渐松软
母猪表现	行为	不安、尿频	拱爬、呆立	无所适从
	食欲	稍减	不定时定量	逐渐恢复
	精神	兴奋	亢奋→呆滞	逐渐恢复
	眼睛	清亮	黯淡，流泪	逐渐恢复
	压背反射	躲避、反抗	接受	不情愿

（三）外部观察法发情判断需检查的内容

发情期，外观可见母猪发情典型征状：静立、弓背、竖耳、翘尾，食欲不振，生殖器官发生变化。有老配种员为母猪发情配种时机编成口诀称："猪追人，手按背，四肢蹬开正当配。"（表5-2，图5-1）

表5-2　外部观察法发情判断需检查的内容

序号	观察内容	观察要点
1	阴户	观察阴户：母猪在发情前期外阴部发生红肿
2	阴唇黏膜	观察黏膜颜色变化

（续）

序号	观察内容	观察要点
3	黏液	观察有无黏液及其分泌情况： （1）母猪在发情前期有清亮稀薄的黏液从阴部流出。 （2）母猪在发情盛期有较多的黏液从阴门排出。黏液稍微呈浑浊乳白色状，且在阴门裂周围的黏液开始结痂。此时排出的黏液牵拉性较强，在两手指间能够拉出1 cm左右或者更长的丝。经产母猪可能没有黏液从外阴部流出，不过将阴门翻开就能够看到阴道内存在黏液，用手指蘸取少量进行牵拉性检查
4	精神状态与行为变化	观察行动、食欲等变化： （1）在发情前1～2 d，母猪就会表现出食欲减退或者彻底废绝，且对周围环境变化非常敏感。 （2）母猪在发情盛期反而会变得比较安静，特征是出现静立反射（压背反射），对发情母猪压背、骑背，被其他发情母猪或种公猪爬跨，甚至闻到种公猪气味时，主要特征是静立。耳朵和尾巴竖起，后肢叉开，背弓起，持续性颤抖。尤其是经产1胎的母猪和后备母猪表现更加明显。查情员对母猪乳房和侧腹进行触摸时，非常敏感，表现出颤抖、紧张

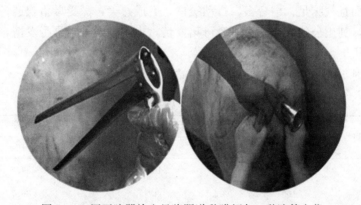

图 5-1 用开膣器检查母猪阴道黏膜颜色、黏液等变化

二、试情法

试情法是根据雌性动物在性欲及性行为上对雄性动物的反应判断其发情程度。利用公猪效应及母猪、激素等诱导母猪发情。

公猪效应是指公猪的刺激对母猪繁殖机能的影响。公猪刺激分外部和内部刺激，外部刺激包括嗅觉、触觉、视觉和听觉刺激，内部刺激包括交配刺激和精清中某些成分的刺激等。

当母猪发情时，对公猪爬跨具有比较敏感的反应。如果接受公猪的爬跨，且处于安定状态，即可判断其所处的发情阶段。同时，由于母猪发情时对公猪气味也比较敏感，也可在母猪前放置浸有公猪的精液或尿液的布，观察其表现，从而判断其发情程度。随着科技的不断发展，使用合成的外激素，也具有较好的效果。此外，母猪发情时对公猪的叫声也具有比较敏感的反应，因此可对母猪播放公猪的求偶录音进行刺激，这也是鉴定其发情程度较好的方法之一。其中，利用公猪试情是检查母猪发情的常用、有效办法。通常在每天清晨或上午进行试情，驱赶性情温驯、性欲旺盛的种公猪停留在母猪栏门前，观察母猪反应，如果没有远跑、保持静立，甚至主动接近公猪，就可将该母猪驱赶到公猪圈内进行试情。

（一）公猪试情

公猪试情法：将母猪栏与公猪栏相对排列或相邻排列，或把公猪赶到母猪圈内，如母猪拒绝公猪爬跨，证明母猪未发情；如主动接近公猪，接受公猪爬跨，证明母猪正在发情。

公猪是最好的试情工具，而老公猪是最好的试情公猪。

公、母猪主要通过气味及声音来进行交流，这些条件任何人、设备、试剂都不具备。成年公猪的求偶声音、外激素气味、求偶及交配行为，通过听觉、视觉、嗅觉等能刺激成年母猪的脑垂体，很容易引发母猪排卵、发情、求偶、接受交配等行为发生。母猪在短时间内接触公猪后就可达到最佳的静立反射。把公猪赶进母猪栏，能对母猪提供最好的刺激。

老公猪在 12 月龄以上，走动缓慢、口腔泡沫多、调情经验丰富，会和每头母猪进行充分的沟通，而且气味足、声音多、行动缓慢，有成熟美，深受母猪欢迎。

在生产上，利用公猪效应即可刺激母猪发情，也可判断母猪是否发情，以便把握人工授精的最佳时机。

发情鉴定时与公猪接触时间对后备母猪站立发情检出率影响见表 5 - 3。

表 5 - 3　发情鉴定时间对发情检出率的影响/%

发情鉴定时间	发情鉴定开始后的时间（min）					
	0	5	10	11	16	21
第 1 天上午	100	100	100	92.3	84.6	84.6
第 1 天下午	100	93.3	93.3	93.3	86.7	66.7
第 2 天上午	100	94.1	88.2	82.4	76.5	70.6
第 2 天下午	100	94.1	76.5	70.6	64.6	64.7

种公猪诱情配合人工授精可提高母猪情期妊娠分娩率、胎均产仔数。

利用公猪气味、声音与母猪进行交流，比任何人、设备、试剂效果都好；而且还能大大缩短母猪繁殖周期，方法简单，效果显著。

公猪在旁时，压背，以观察其站立反应。试情公猪一般选用善于交谈、唾液分泌旺盛、行动缓慢的老公猪；后备母猪诱情可以选择在 150～170 日龄，在每个圈舍里放一头结扎的公猪，长期跟母猪一起饲养，这样既不用担心结扎公猪的配种问题，又可以节省很多劳动力。

断奶第 2 天起每天以栏为单位与成年公猪同栏接触 2 次，每次 15～20 min，直至发情。

在猪人工授精环节，常采用诱情、催情、促排、超排、同期发情等技术，在这些技术环节，通常是用外激素（如合成技术等）代替体内激素，使人工授精得以按计划有效进行。

（二）母猪试情

把其他母猪或育肥猪赶到母猪舍内，如果母猪爬跨其他猪，说明正在发情；如果不爬跨其他母猪或拒绝其他猪入圈，则没有发情。

（三）人工试情

通常未发情母猪会躲避人的接近和用手或器械触摸其阴部。如果母猪不躲避人的接近，用手按压母猪后躯时，表现静立不动并用力支撑，用手或器械接触其外阴部也不躲闪，说明母猪正在发情，应及时配种。研究表明公猪试情能影响母猪 LH 的释放、卵泡发育的启动和断奶后的定时发情。公猪与母猪接触的不同时机和频度对诱发母猪发情的效果有显著的差异。还可以借助开膣器和手电筒观察母猪阴道黏膜颜色、黏液等变化。

（四）激素试情

在猪的繁殖生产中，除了配种后 20 d 左右返情者外，总的说来，一般还不能进行准确、可靠的早期妊娠诊断。雌激素试探法虽可在配种后 20 d 左右应用，但对胚胎不太安全而且妊娠检出率也不高。

（五）母猪试情车

为了在猪场狭小特定环境下，通过狭小的过道空间，将种公猪运送到发情母猪面前，让母猪嗅到种公猪身上的气味、看到种公猪，甚至触碰到种公猪，进而提高母猪的情趣，刘炜等（2009）提出了无线遥控母猪试情车。

该车提供了一种由电力驱动的装载公猪器械，方便公、母猪接触，有效解决公猪移动的控制问题，使公猪只在一定范围内活动，能够一对一、专心地与母猪交流试情，从而降低劳力支出，提高诱情效果与查情、妊检准确率。提高试情车运行的稳定性和安全性，避免小车侧翻、侧滑等现象发生。

三、发情检测仪器

除人工鉴定发情方法外，还有电测试情、红外监测等。

（一）电测检测

应用电阻表测定雌性动物阴道黏液的电阻值来进行发情鉴定的方法即自动电测法。

用黏液电阻法进行发情鉴定的研究始于 20 世纪 50 年代，经反复研究证实，黏液和黏膜的总电阻变化与卵泡发育程度以及黏液中的盐类、糖、酶等含量有关。

一般地说，在发情期电阻值降低，而在周期其他阶段则趋升高。

母猪发情自动检测装置——母猪发情检测（鉴定）仪即猪排卵检测仪。

猪排卵测定仪主要由探头、显示器、操作手柄等组成。DRAMINSKI 德铭斯基猪排卵测定仪由三部分组成：探针、电子组件和一个带有标准 9 V 电池的手柄。电子组件装有一个液晶显示屏以便于读取测量数据。在探针末端有两个平行的金属电极用来检测电阻（图 5 - 2）。

通过猪排卵测定仪检测阴道黏液的电阻变化判断卵泡发育程度，方便快捷。只要把试

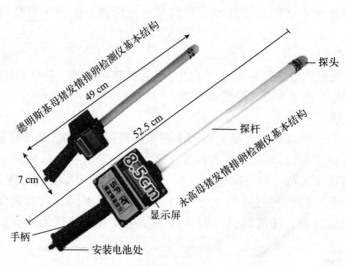

德明斯基母猪发情排卵检测仪基本结构

49 cm

52.5 cm

8.5cm

7 cm

手柄

安装电池处

显示屏

探头

探杆

永高母猪发情排卵检测仪基本结构

图 5-2 母猪发情排卵测定仪及结构

管插入阴道，即可阅读显示数据。具体操作方法如下：①检测一下仪器是否有电；②探针消毒；③清洗母猪外阴；④将探针小心插入宫颈口处，即探针深入达 3/4 处，感觉到阻力时候旋转探针 2~3 个半圈；⑤打开测定仪；⑥待显示屏显示出数字后读取结果；⑦取出探针；⑧消毒探针。

（二）智能化母猪发情监测

采用微处理器控制的红外监测系统自动识别母猪的发情。发情监测器通过感应器感应母猪，并自动读取记录该母猪的各项信息，自动检测母猪发情情况。

通过放在公猪舍旁的发情监测器来自动记录母猪访问公猪的频次及时间来确定母猪是否进入发情期，提高母猪的受孕率。母猪舍中的发情检测器，根据记录母猪访问公猪的次数频率和时间，绘制图表，作为管理员的有力依据，更及时地掌握母猪的发情情况（图 5-3）。

母猪发情监测装置通过监测母猪的体温，并配合压力、红外等技术监测母猪的滞留情况，可以准确地判断母猪在种公猪附近滞留的次数和每次滞留的时间，从而判定母猪是否发情，可以对鉴定为发情的母猪进行喷色标记或将母猪的信息发送至服务器，或通过短信平台发送给配种员进行处理，相较于人工判断更准确及时，大幅降低工作量。

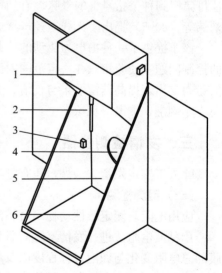

图 5-3 母猪发情监测装置

1. 处理单元 2. 喷涂单元 3. 识别单元
4. 观察窗 5. 分隔仓 6. 监测单元
注：引自杨亮等，2019。

一般母猪智能饲养系统配置的母猪智能发情鉴定系统，可对个别母猪自动分离和自动发情探测，还可对每一头母猪自后备母猪到配种、妊娠、分娩、再配种多次循环直至淘汰的全程跟踪管理。智能化母猪发情检测系统将红外线技术引入系统中，通过 24 h 的动态监控，自动检测发情母猪并提供精确到小时的精确配种时间。智能化母猪发情检测系统可通过监控母猪的发情行为，然后经过软件对监控数据进行处理，根据母猪的发情曲线，得出最佳的配种时间。

浙江大学与比利时鲁汶大学研发的红外行为传感器监测系统，检测母猪的日平均活动值进行发情鉴定，在四种发情行为鉴定中准确率为 84.2%。当然，目前的发情监测系统还存在假警报和错误率高、识别不及时的问题，需要进一步完善使用体验。

四、发情鉴定的关键

1. 关键特征　压背试验时，表现出"不动反应"。有些母猪的不动反应非常顽固，以至很难将其由一处驱赶到另一处。

但是也应注意，目前都是规模化集约化养殖，猪的生活环境已经发生了变化。这样的一种环境下，并不是每头发情的母猪都能表现出很强烈静立反射的，很多情况下饲养管理不到位、营养的问题也会导致母猪发情了但静立反射不明显，然而事实上是发情了排卵了可以配种的。这种发情母猪的配种时机需要从母猪其他表现去判断，如外阴红肿、黏液等，所以人工查情是非常有必要的。

2. 提高发情鉴定效率的方法　可视化管理可以有效提高发情鉴定效率。公猪试情时将有发情表现的母猪，使用蜡笔或紫药水进行标记，如需要配种的标记"日期"加"上""下"，代表该日期上午或下午配种，有发情表现的母猪则打点标记。人工查情/巡栏时，重点观察打标记的发情母猪。

3. 综合判断配种时机　母猪配种时机不能单一以发情的某个特征为标准进行判断，如不应只配种有静立反射的母猪，要仔细观察母猪的外阴、分泌物、行为及其他方面的表现和变化综合判断。主要三个主要方面：外阴红肿、静立反射、黏液。

（1）适时配种　外阴红肿、黏液呈乳白色可拉成丝，即可参配；外阴红肿静立反射母猪可参考以下配种程序：

① 断奶母猪（断奶后 3~7 d 发情）　静立反射后 12 h 开始配种。

② 断奶母猪（断奶后 3 d 内发情）　本情期不建议配种，发情排卵数少，妊娠率低，建议推迟 1 个情期再配种；如要配种静立反射后 24 h 开始配种。

③ 后备母猪、返情母猪、超期不发情母猪　静立反射后马上进行配种。间隔 12 h 配种 3 次或者间隔 24 h 配种 2 次，直至不再静立。

（2）黏液的观察　关于黏液的观察，需要强调的是，黏液不是时时刻刻都有的，黏液一般出现在公猪试情时或者试情后、喂料后、运动后，所以这就体现了我们人工查情的重要性。当然不仅仅人工查情时需要注意，平常巡栏时我们也要关注，重点观察外阴及猪臀后的地面，发现外阴红肿，黏液呈乳白色可拉成丝，即可参配。

业内有句话"配种员要将 1/3 的时间用于母猪的发情鉴定"，由此也说明了发情鉴定和适时配种的重要性，母猪发情表现不是一成不变的，而是一个动态变化的过程，而发情鉴定和适时配种并没有非常固定的标准，可能十个配种员查情会有九种不同的标准，所以更多的是个人经验的总结。配种员在做配种的工作中要注重细节，抓住关键点，勤于观察，经常进行总结，不断积累经验，才能提升发情鉴定水平。

五、母猪异常发情

1. 母猪异常发情比例 有人对母猪品种为长白猪与梅山猪 F1、苏白猪与梅山猪 F1，以及长白猪、苏白猪、梅山猪等纯种母猪 3 986 头统计分析发现，母猪异常发情出现率为 20.1%。

安静发情（亦称隐性发情和沉静排卵）：群体出现率占 5.9%，其中青年母猪占 10.5%，经产母猪占 4.8%。

短促发情：群体出现率占 5.4%，膘度过肥的壮年母猪易发生，发情持续时间平均 6 h，常在早晨发现中午消失。

断续发情：出现率为 3.5%，发情周期平均 5 d。发情持续时间平均为 21 h。

产后发情：出现率占 2.4%，发情持续时间为 54 h。国外引进的品种母猪往往产后 2 d 就开始发情。

妊娠发情：出现率占受孕母猪的 2.6%，这类母猪两次发情间隔时间较长，平均为 36 d。发情持续时间更短，平均 6 h。性行为表现较强，母猪在圈内游走、狂叫、阴户肿胀，亦有黏液外流。妊娠发情母猪要认真鉴定，凡是配种超过 26 d 发情的母猪，食欲旺盛、膘度增加、背毛光滑、性情温和、乳房膨胀的并符合上述性行为表现的可以认为是妊娠发情。不能盲目配种，否则会造成流产。

2. 母猪乏情及处理方法 母猪乏情指母猪不发情或发情不明显。后备母猪主要表现为发育到性成熟和体重后，母猪阴门无明显肿大和黏液，按压背部无静立反应等；经产母猪则表现为仔猪正常断奶后，母猪长时间不发情；从而造成无法配种，或者屡配不孕的现象。

在乏情期，卵巢功能相对不活跃，且没有较大的卵泡或功能性黄体。乏情通常是由于大脑的下丘脑区域分泌的促性腺激素释放激素（gonadotropin - releasing hormone，GnRH）不足引起的。在发情期的后备母猪和经产母猪中，GnRH 通过血液流动到垂体前叶，在此诱发促性腺激素、促黄体生成激素（luteinizing hormone，LH）和卵泡刺激素（follicle - stimulating hormone，FSH）的分泌。LH 和 FSH 又反过来刺激卵泡生长、排卵，同时 LH 会促进黄体功能的正常化。

按照造成母猪乏情的原因，可以采取不同的方案处理：

（1）营养缺乏类 加强营养，后备母猪日粮使得粗蛋白质和限制性氨基酸（如赖氨酸）比例满足需要；同时满足维生素、矿物质的需要，尤其是维生素 A、维生素 E 和钙、硒、锌等。切记使用专用的母猪预混料，不要采用仔猪或育肥猪的日粮饲喂。

（2）过肥型体况类 限制饲喂并且加强运动，或者把饲料中蛋白质和能量适当下调，有放养条件的每天早、晚放养 1 h，连续 1 周。

（3）环境问题影响类型 改善环境条件，保证需求光照强度与时长，做好猪舍的防寒保暖工作。封闭式猪舍夏天则要注意开窗通风，或湿帘降温，尽可能地给母猪创造一个舒适的环境，减少应激。

（4）公猪诱情 不知道原因的类型用公猪诱情，把公猪赶到母猪栏，通过母猪的视觉、听觉、嗅觉及触觉对母猪发生影响，或者通过公猪的生殖腺分泌物对母猪进行刺激。用种公猪追逐久不发情的母猪，用公猪精液喷洒等方法。

（5）外源激素处理　如果乏情母猪经过以上方法无效，可采用绒促性素 A3 等外源激素进行处理。

生产中使用效果优秀的是 PG600，原荷兰英特威生产，美国默沙东收购，每剂含 PMSG 400 U、HCG 200 U，有效使用期 8～11 d（黄体期末至卵泡和发情期间），能促进后备及经产母猪发情。方法如下：

后备母猪 240 日龄左右开始，对未发情的后备母猪注射 PG600 5 mL（1 头份），28 d 内 85%～95% 后备猪表现发情，集中于注射后一周内，鉴定发情后备猪即可配种；28 d 内不发情后备猪则可淘汰或再注射处理。经产母猪中第一胎、第二胎断奶母猪，断奶后 7 d 内发情比率低于 80% 的，注射 PG600 各 5 mL（1 头份）；7 d 内 90%～95% 表现发情，发情即可配种；21 d 内未发情母猪可以淘汰，如指标优良，至 21 d 再注射 1 次，10 d 内不发情则可淘汰。多胎次经产母猪季节性发情问题，断奶后 28 d 内未发情母猪全群注射 PG600 各 5 mL（1 头份）。使用 PG600 比单独使用 PMSG 的发情率相当，但是对后备母猪来说却比 PMSG 出现发情的时间大大缩短，提高了产活仔数与断奶数。

六、后备母猪的诱情要点

（1）为获得最佳促发情效果，每天用成熟活跃的公猪来刺激母猪，对青春期母猪发情最有效。母猪发情表现越早可能会导致产仔数增加和终生生产力提高。

（2）不足 20 周龄的后备母猪不要使用公猪刺激，因为它们不会对公猪的刺激做出反应。等到 24～26 周龄开始公猪诱情。

（3）公猪诱情后超过 70% 的后备母猪在 3 周后将有一次发情表现，超过 95% 的后备母猪在 6 周后至少有一次发情表现。

（4）围栏内的公猪（如公猪试情车）可以做到诱情，但不能检测发情。当诱情公猪的年龄超过 12 个月且性欲高时，效果更好，选择用于诱情的公猪必须唾沫丰富并且有强烈的气味。如果无法将公猪放进栏内，则将公猪留在后备母猪棚外以保持鼻子与鼻子的接触。唾液中的信息素和鼻对鼻接触对刺激发情至关重要。

（5）诱情公猪每周采精一次，或者与淘汰的母猪交配可以促进其性欲。在不使用时，公猪应尽可能远离母猪。

（6）公猪连续诱情 1 h 后，诱情公猪将失去功效。必须经常轮换公猪。

（7）母猪场中每 250 头母猪中应至少有一只成年公猪。要计算好母猪数量，请将 24 周龄以下的后备母猪添加到待配母猪计划中。

（8）公猪诱情要防止发生意外交配，可以使用输精管结扎的公猪。

（9）公猪在后备母猪圈里诱情时，每栏 25～30 头母猪应持续 10～15 min，防止对后备母猪造成伤害。

（10）用记号笔标记每个发情的后备母猪，然后立即分栏，避免再添加后备母猪进去。

（11）后备母猪数量应限制在母猪总存量的 3%（最大为 5%）内。有需要时，可以使用药物用于后备母猪同期发情。

七、母猪的初配年龄与繁殖期限

1. 母猪初情期与影响因素 待种猪生殖器官发育完全，生殖机能达到了比较成熟的阶段，基本具备了正常的繁殖功能，母猪出现周期性的发情和排卵，称为性成熟。初情期是母猪第一次发情、排卵的阶段，此时虽可能有繁殖能力，但尚未达到具有正常繁殖能力的成熟阶段，因此可以看作是性成熟的预备期。初情期配种影响种猪的正常发育和使用年限。母猪的初情期：我国地方猪一般3～4月龄，培育猪一般为5～6月龄，外来瘦肉型品种一般6～7月龄。

（1）初情期前卵巢状态 卵巢上有生长卵泡→退化闭锁而消失→新卵泡又出现，如此反复进行，直到初情期开始，卵泡才生长成熟，直至排卵。

（2）初情期发情特点 母猪的第一次发情往往呈现安静发情，即只排卵而发情征状不明显。其原因是初情期前，卵巢中没有黄体存在，因此没有孕酮分泌，只有在发情前有少量的孕酮存在，才能引起雌激素对中枢神经的刺激，促进发情。

发情征象消失时，卵泡已发育成熟，体积达到最大。在激素作用下，卵泡壁破裂，卵子从卵泡内排出，即排卵。

母猪的发情周期一般18～23 d，平均21 d。分为发情前期、发情期、发情后期和间情期（休情期），共4期。发情持续时间：一般瘦肉型母猪2～3 d，地方猪母猪3～5 d（图5-4）。

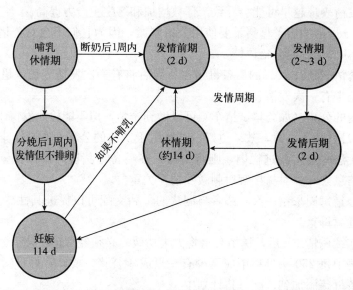

图 5-4 母猪发情周期

后备母猪与经产母猪从发情到排卵的时间有所不同，后备母猪为24～38 h，经产母猪36～48 h；稳定发情时间长短也不一样，后备母猪为1～2 d，经产母猪为2～3 d，因此两者适时配种时间也有所不同。另外，母猪断奶后，早期发情（断奶后3～4 d）和迟发情（断奶后5 d以上），母猪的发情与排卵持续时间也不同，相应的最适配种时间也应有所不同。

（3）影响初情期的因素

① 品种　个体小的品种比大的早，地方猪比引进的大体型猪早。

② 气候　南方比北方早，热带比寒带早。

③ 营养　营养水平高的比低的早。猪的饲喂量达到自由采食量的 2/3 时，并不影响初情期，过肥反而使初情期延迟。

④ 性成熟　母猪达到初情期时，虽能产生并排出生殖细胞，但生育力较低，需再经一段时期，生殖器官发育成熟，发情和排卵正常，才具备正常的生育能力。性成熟是动物生长发育过程中极其重要的一个生理阶段，它是生殖能力达到成熟的标志。对于猪来说，当达到性成熟时体躯各部生长发育尚未完全成熟，故不宜配种。

2. 初配年龄与繁殖期限　初配年龄是根据种猪自身发育的情况和使用目的人为确定的用于配种的年龄阶段。初配与淘汰之前的繁殖阶段为种猪的适配或适繁阶段。

母猪的适配年龄应根据具体生长发育情况而定，一般在性成熟期以后，但在开始配种时的体重不低于其成年群体平均体重的 70%。母猪一般初情连续 3 个情期、体重达 70% 左右初配。

我国地方品种母猪一般 3～4 月初情，小母猪第一次发情因未达到体成熟，配种后往往不能受孕，第二个或第三个发情期正常受胎，也就是第一次发情后 1～1.5 个月后，体重 90 kg 才能配种。一般二元杂母猪 6～8 月龄，体重达 110 kg 左右初配；瘦肉型母猪8～9 月龄，体重达 110 kg 左右配种。

母猪的繁殖能力有一定的年限，繁殖能力消失的时期，称为繁殖能力停止期。繁殖年龄的长短因品种、饲养管理、环境条件以及健康状况等不同而异。母猪繁殖能力丧失后，便无饲养价值，应及时予以淘汰。

李加琪（2010）报道，母猪的自然利用年限为 12～15 年，在条件优良的情况下可达 17 年，集约化生产条件下通常为 3 年以下。改善母猪利用年限的措施有遗传改良、改善饲养环境、培育优秀后备母猪、控制好断奶母猪体况等。

第三节　人工授精操作前准备

人工授精需要作好各项准备，精准输配。输精前除输精员须经先期培训等技术准备外，根据生产计划与生产实际，确定要输配的母猪，依据输配对象准备相应的器具与耗材、配置冲洗消毒等用品。

一、计划输配

一般运用 GBS 等育种或种猪管理软件，可方便快捷地查核人工授精有关信息。

如 GBS 中的繁殖模块，提供发情配种管理、妊娠登记、流产信息管理、产仔管理、断奶信息管理等对应人工授精需要的管理子模块，系统会根据所选择猪只的配种、产仔情况，自动计算出胎次、情期、预产期等。配种方式有自然、人工（授精）选项（图 5-5），并设有繁殖性能压缩包。

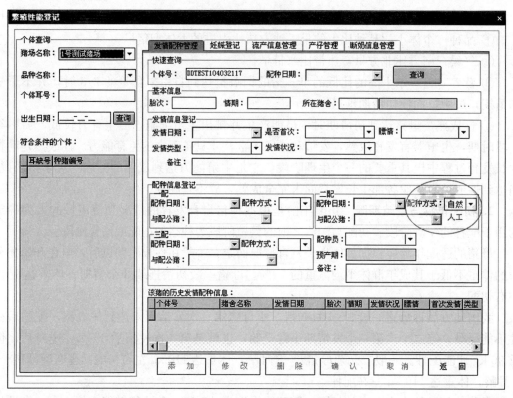

图 5-5 运用 GBS 软件进行发情配种管理

二、输精管的准备

（1）常规输精和深部输精管不同，一般常规输精管内径 3 mm、长度 50 cm；深部输精管通常在常规输精管的基础上，内置一根外径为 2 mm、长 80 cm 的细管。

（2）后备青年母猪与经产母猪输精管差别主要是海绵头粗细不同，青年母猪输精管的海绵头直径大约 1.2 cm；经产母猪输精管海绵头直径约 2 cm（图 5-6）。

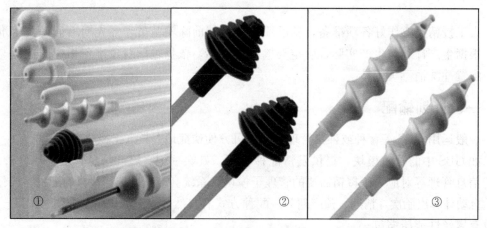

图 5-6 不同规格输精管①与输精管海绵头形状（伞状②、螺旋状③）

三、精液的准备

常规储存和冷冻精液的精液精子活力、精子数不同。一般常规储存精液一次输配 80 mL，有效精子数大约 30 亿；常规冷冻精液一次输配也是 80 mL，但有效精子数为 10 亿左右。

输前需要解冻。解冻前，准备好冻精稀释粉、蒸馏水、输精瓶（80 mL）、烧杯或塑料杯、恒温水浴锅、计时器、长钳子或大镊子、纸巾、剪刀、精确温度计等必要设备、工具、用具。

冻精稀释液的配制：将蒸馏水预热至 30～34 ℃后加稀释粉，充分搅拌或用磁力搅拌器混匀，待稀释液 20～40 min 稳定后分装到容量至少为 80 mL 的输精瓶中，然后在输精瓶上标明稀释液的配制日期。配制好的稀释液如当天未能用完可放在 5 ℃条件下保存或 −20 ℃条件下保存。

将当天配制的或冷冻保存的稀释液调至（20±1）℃，同时将恒温水浴锅内的蒸馏水调至（50±1）℃。

冷冻精液的使用举例说明（解冻应参照精液生产商推荐的方法）：将液氮罐靠近解冻用的恒温水浴锅或其他解冻设备，将罐内装有冻精的提桶提升到液氮罐颈部上方，用钳子快速取出一管（1 头份）精液；将冻精管放入 50 ℃蒸馏水的水浴锅中 45 s；剪开冻精管之另一端，让精液流入 80 mL（25 ℃）稀释液中；经显微镜检确认解冻精液合格后尽速输入与配母猪。

四、案头筛查初步确定发情待配的母猪

作好上述准备以后，即可用人工、车具等携带必要材料设备，到母猪舍实施人工输配（图 5-7）。

图 5-7　人工授精专用车及携带必备材料装备

第四节　人工授精技术

人工授精（artificial insemination，AI），是人工选择并操控动物繁衍，为人类生产更多、更好产品的繁殖技术。该技术具有提高公猪利用率、扩大优秀基因遗传潜力、控制猪

群间的疾病传播、突破时间空间限制和提升生猪养殖效益等优势，因而受到越来越广泛的认可和推广。

一、我国的应用情况

2010 年，全国有种公猪站 5 016 个，年末存栏 86 485 头，年生产精液 4 267.4 万头份。

人工授精与自然交配的不同在于，自然交配中许多雄性畜禽的工作由人工授精技术员来完成。猪自然交配与人工授精，见彩图 11。

猪人工授精的基本流程：采精→新鲜精液品质检查→精液稀释→分装→精液保存、运输→输精。猪常规人工授精简要流程：采精→处理→分装→运输→输精。

整个流程的实施均需要技术人员借助特定的器械、设备、容器、耗材等完成。主要有精液检查、分装、冷贮设备和采精、输精器材、耗材等。

人工授精需要人工授精站（室）提供合格的优秀种公猪精液供生产者选用。

人工授精站主要有两种形式，一种是社会化猪人工授精站，另一种是场内人工授精站（室）。

社会化猪人工授精站即集中饲养公猪，专门为猪场提供精液及相关技术服务的机构。

场内人工授精站一般为大型养猪企业所建，是既为本场服务也具备社会服务功能的猪人工授精单位；一些规模较小的猪场通常设立人工授精室自采自配，或以中心站配送（购买）精液为主进行生产交配。

人工授精技术极大地提高了优秀种公猪的利用率，在不同层面具有显著的经济效益和社会效益，同时也是建立遗传联系的中枢。

对商品猪生产者而言，采用人工授精，充分利用杂种优势，科学选种选配，可显著提高猪群生长速度、降低饲料消耗，生产瘦肉率高、体型好、整齐度高、竞争优势强的商品猪。

采用人工授精，减少公猪饲养，减少猪病发生，实现增产增效。在自然交配的情况下，1 头公猪配种负荷为 1∶（25～30），每年繁殖仔猪 600～800 头；而采用人工授精技术，1 头公猪可负担 150～300 头母猪的配种任务，繁殖仔猪可达 3 000～6 000 头。通过人工授精技术，可减少公猪的饲养数量，从而降低养猪成本。

对育种场而言，人工授精为育种场提供更方便、更广泛的育种素材，促进优良品种培育和建立广泛的遗传联系，在养猪行业中发挥更大作用，既产生直接的经济效益，又促进遗传改良，国内外知名企业（集团公司），如 PIC、DanBred 等无不创建了自己的种猪品牌，形成了较强的行业影响力。

对于整个养猪行业而言，人工授精不受时空限制，取代活体公猪，可在国内外大范围择优筛选公猪精液，不但可常温、低温短期保存，还可超低温冷冻长久保存，实现国内外基因交流、异地配种，使优秀种公猪的效能得到普遍、持久的发挥。

冷冻保存的优良种猪的精液便于运输，用户可在任何时间、任何地点，选用期望的公猪精液输精。极大延长种公猪使用年限，对一些有特殊遗传特性或濒临灭绝的品种，将优秀个体精液进行冷冻保存，建立精液基因库，使遗传资源以精液的形式得到保护，即使在公猪死亡后，仍可通过级进杂交等方式恢复其品种特性，对推进养猪技术进步、科研推广和行业的可持续发展，特别是在保种方面有不可替代的作用。

二、不同的人工授精方式

根据输入精液的部位可以分为猪子宫颈人工授精法（CAI）、子宫内人工授精法（PCAI）、子宫角深部输精法（DIUI）、输卵管输精技术（IOAI）。常规输精与深部输精部位见彩图 12。

1. 子宫颈人工授精法　子宫颈输精（cervical artificial insemination，CAI）是最常用的猪人工输精方式，最简捷的是即采（精）即配，节省精液存储环节及相关费用。

（1）清洗润滑　先用 0.1% 的高锰酸钾溶液清洗外阴部污垢，再用 0.9% 的生理盐水冲去高锰酸钾溶液。在输精管顶部涂上少许消毒润滑剂，使其易导并防止母猪生殖道损伤。

（2）插管、连接精瓶，准备输精　用手把阴唇分开，将输精管尾部向下倾斜 45°插入阴道，当输精管螺旋段输入到阴道深部达子宫颈口时，会感到有很大的阻力，此时应将输精管逆时针螺旋式向前推进。当输精管再深入 8～10 cm 时，海绵头栓塞恰好也进入子宫颈口 2～3 cm 处。向前推进阻力增大，此时便可停止前进。然后将输精管轻轻向后退 2～3 cm，感到阻力很大，轻轻松手后输精管能自然缩回阴道内，表明子宫颈已被栓塞塞严，此时即可连接精瓶，准备输精。

（3）输精、放气、拔管　挤压（不可暴力挤压）输精，边输精边用锋利针、钉扎输精瓶底部放气，同时观察精液是否回流，输精结束缓慢拔出输精管（彩图 13）。

（4）防止精液倒流的注意事项　配种过程中，输精瓶位置太高和过早打孔放气都会导致母猪输精吸入过快（1 min 内精液输完），出现精液倒流。当母猪静立状态不好时也会出现精液的倒流，这些都会影响母猪受胎率。

① 海绵头是否锁紧的检查。

② 常规输精时，可以使用诱情公猪固定在母猪前面，让其保持更好的静立状态。

③ 输精过程中，发现精液吸入过快（或出现倒流）时放低精液瓶，建议输精 1 min 左右再进行打孔操作。

④ 发现母猪精液流入不畅或精液倒流时，立即人工按摩母猪外阴或尾根等敏感部位。

2. 子宫内人工授精法　子宫内人工授精法（post cervical artificial insemination，PCAI）是将输入的精液越过母猪子宫颈直接送达子宫颈后的子宫体，一般用具有内置延展软管的输精管输配，常称为子宫内深部输精（或者简称"深部输精"）。深部输精与常规输精比较，精子运行阻碍减少，更快到达精卵结合部，降低精子行程中能量损耗，精子受精潜力得以提升。

（1）PCAI 优点

① 劳动力与劳动时间　传统 CAI 输精 80～100 mL 的精液全部输完，平均用时 5 min 以上，而深部输精至少减少一半的时间，技术熟练的基础上快者达到 20 s 内，提高了工作效率；

② 精液利用率高　只需较低的剂量和精子数量。传统输精一次使用精液 80～100 mL，约 30 亿个精子，深部输精每份精液 40～60 mL 10 亿～20 亿个精子，从而减少公猪的饲养数量，降低公猪的饲养成本；CAI 输精时 1 头公猪一次采精量可输配 10～14 头母猪，深部输精输配母猪头数可提高 2 倍，优秀公猪的遗传物质可以快速扩散。

③ 效益明显　短期效益是猪场公猪减少（增加均匀度）；长期效益是优选公猪的潜力得到发挥（遗传价值增加）；

④ 还可以倒逼发情鉴定（子宫颈口松弛，插入内导管的容易程度）。

PCAI 常用的输精管有两种，一种是管内管式，在常规输精管内部加有一支细的、半软的、长度超出常规输精管 15～20 cm 的内导管，能够在常规输精管内部延伸以通过子宫颈进入子宫体。另一种是管内袋式，外观与普通输精管基本相似，但在输精管的顶部连接一个可延展的橡胶软管（置于输精管内部），在输精初期通过用力挤压输精瓶，使橡胶软管向子宫内翻出，穿过子宫颈而将精液导入子宫体内（图 5-8，图 5-9）。

对于因繁殖障碍引起的配种问题，尤其是阴道炎、子宫颈炎、子宫颈口损伤问题，造成久配不孕的问题母猪，PCAI 可以提高受孕率。PCAI 适应于 95% 左右的经产母猪，但不适用于后备母猪。后备母猪子宫颈比较紧，子宫体也比较短，输精软管不容易穿过子宫颈，容易对子宫造成损伤。

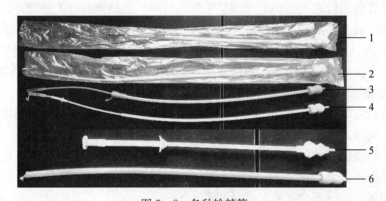

图 5-8 各种输精管

注：1 是 CAI 输精管，2～4 是 PCAI 管内管式输精管，5～6 是管内袋式输精管。

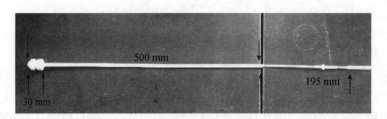

图 5-9 子宫体输精输精管

（2）注意事项 传统 CAI 授精，需要刺激母猪的性欲，使子宫收缩产生负压，促进精液的吸收。但 PCAI 深部输精时若刺激母猪，子宫颈收缩往往会把输精管锁住而使内导管难以插入。因此，对已经确认发情即将人工授精的母猪，不刺激、不触摸敏感部位，不用公猪诱情，使其保持放松状态。

配种前务必先把母猪的外阴清理干净，并进行消毒、冲洗，以降低子宫感染的机会；输精员操作前清洁双手或带上一次性手套；从密封袋中取出一次性输精管，要避免让手接触输精管的前 2/3 部分。

为使输精管润滑容易导入母猪阴道内且防止阴道损伤，用专用润滑剂涂抹在输精管海绵头上，注意不能将润滑剂涂在内导管上，防止堵塞内导管口。

确保输精管海绵头被锁紧后，将输精管内导管轻轻推进，当通过子宫颈口遇到阻力时稍作等待，等子宫颈开张再推进，往前伸 10～15 cm；当内导管插到合适的位置后，接上储精袋，将输精管往上弯曲 45°以上，让输精袋略高过母猪背部，自然产生压力，以加快精液导入速度。输精时利用子宫体负压将精液缓慢吸入，给母猪营造一个安静、放松的环境，保障输精顺畅。

深部输精操作时要轻柔，否则容易损伤子宫体。要针对不同母猪个体的子宫颈长度调节输精深度。不同母猪个体输精管插入的距离会有所差异，适宜深度区间为 10～15 cm，切不可强行插入，也不得进入太深，太深容易伤害子宫内膜。

输精完成后先拔出内导管 15～20 cm，再一起拔出输精管。抽出输精管后要检查输精管头部有没有血，如果有血表明子宫损伤，要做记录并采取相应措施。

深部输精一个情期输精 1～2 次，第一次输精后 8～12 h 可以再输一次。

3. 子宫角深部输精法 子宫角深部输精法（deep intra uterus insemination，DIUI）是非手术法输精方式。采用特制的输精装置是由改良的柔韧纤维内窥镜管内置入常规的输精管而制成，输精内管管长 1.8 m，外周直径 4 mm，内圈直径 1.8 mm；先将 CAI 用常规输精管插入子宫颈形成子宫锁后，再在管内插入 DIUI 输精内管，内管穿过子宫颈，能够顺着子宫腔前进，可将精子输送至子宫角近端 1/3 处（图 5-10）。

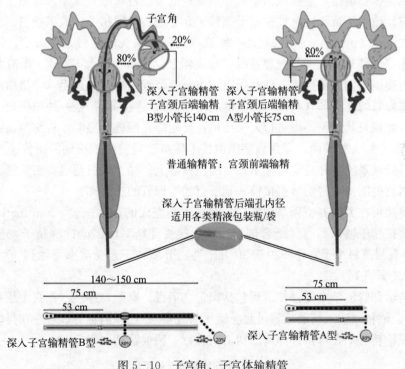

图 5-10 子宫角、子宫体输精管

注：引自猪仙子深入子宫输精管。

我国科研人员早期没有专用输精管的情况下，曾用注射器进行猪的双侧子宫角输精试验，采用子宫角输精母猪 2 167 头。情期受胎率达 96.4%（赵光远、马明荣，1988）。

DIUI 进一步减少了常温精液的输精数量，使猪的冷冻精液、性控精液的人工授精成功率得以提高，生产使用成为可能。

子宫角输精法之所以能进一步减少输精数量而不影响受精效果的主要原因是可以减少精液倒流和子宫内因白细胞吞噬作用而损失的精子数。

DIUI 一般为单侧子宫角输精，输入一侧子宫角的精子可迁移到对侧子宫角。在母猪自然发情的情况下，由于单侧子宫角输精引起的只有部分双侧卵子受精，单侧卵子受精的概率较大，受精效果受到影响。DIUI 输精操作步骤：

（1）输精前的准备　准备输精枪：子宫角输精法需要特制的内导管，使输精部位在子宫角近端的 1/3 处。

（2）精液准备　常温精液 20～25 mL，有效精子数 5 亿～8 亿个，冷冻精液解冻稀释好后类同于常规输精。

（3）鉴定发情　用公猪与母猪鼻触、按压母猪腰背等方法鉴定母猪发情状态。

（4）插入输精枪（管）。

（5）输精。

（6）输精结束，拔除输精管（枪）。

4. 输卵管输精　输卵管输精（intra uterus oviduct artificial insemination，IOAI）是腹腔镜微创输卵管输精，需要微创手术和内窥镜的方法将精液直接输入母猪子宫和输卵管的交界部位。适用于特殊性（性控精子或精子介导的转基因精子）人工授精。

腹腔内窥镜（peritoneoscope）是一种带有微型摄像头的器械，由头端、弯曲部、插入部、操作部、导光部、视频处理系统、监视器及储存部分等组成。IOAI 输卵管输精主要指腹腔内窥镜微创人工授精，即利用腹腔内窥镜装置，通过微创手术，将精液直接输入到子宫与输卵管的连接部（峡部与间质部之间称宫-管连接部），是一种创伤较小的手术。

利用腹腔镜及其相关器械进行人工授精：使用冷光源提供照明，将腹腔镜镜头（直径为 3～10 mm）插入腹腔内，运用数字摄像技术使腹腔镜镜头拍摄到的图像通过光导纤维传导至信号处理系统，并且实时显示在专用监视器上。操作人员通过观察监视器屏幕上所显示繁殖器官的图像，将精液直接输入到子宫与输卵管的连接部。

腹腔镜法可在大的养殖场培训推广。在意大利完成的一项试验，Fantinati 等（2005）通过腹腔镜把精子输入到宫管结合部，达到可接受受精率所需的冷冻精子数量可减少至500 万个，有报道每个子宫角不少于 30 万个性别分离精子，受孕率可达到 80%（刘国世等，2007）（彩图 14）。

腹腔镜输卵管输精主要操作流程包括保定、消毒、麻醉、穿刺（在腹中线两侧套管穿刺针刺入）、输精（输入精液后通过腹腔镜探头观察）、创口消毒等。若想获得较高的繁殖率，腹腔镜输精必须在母猪排卵前即初情期进行，精准输精（表 5-4）。

表 5-4　不同输精方法输配比较

输精方法	精液量/mL	有效精子数/亿个	输精所用时间/min	公猪输配母猪/头	输配部位	抵达受孕部位耗时/h	备注
常规输精	80	30	5	10～40	子宫颈	6～8	技术成熟，易操作，成本低
子宫体输精	40	10	2～3	20～80	子宫体	1～2	成本较 AI 高，需专业培训

（续）

输精方法	精液量/mL	有效精子数/亿个	输精所用时间/min	公猪输配母猪/头	输配部位	抵达受孕部位耗时/h	备注
子宫角输精	0.5～1.5				子宫角		冻精应在排卵前4～8 h输配
输卵管输精	0.1				输卵管壶腹部		技术操作复杂成本高，适用于性控精液并在排卵前输精

注：公猪输配母猪是指1头公猪一次采精量经检测稀释等处理后大约可输配母猪的头数。

三、提高人工授精效率的措施

（一）外源生殖激素调控母猪生殖潜力

在养猪生产中，母猪乏情是较普遍存在的问题，是直接影响母猪生产力的关键问题，也是造成猪场经济效益损失的主要原因。一般猪场有5%～15%青年母猪达到性成熟和体成熟仍未发情；有10%～15%母猪断奶后乏情，有些个体户饲养瘦肉型母猪缺乏营养、管理水平差，乏情母猪达50%以上。

耳后肌内注射绒毛膜促性腺激素（HCG）800 IU和1 000 IU，能显著提高受孕率；肌内注射PMSG 800 IU，配合使用hCG 400 IU，可显著提高大白纯种母猪的发情、受孕及产仔率。肌内注射氯前列烯醇0.4 mg，或者第1天肌内注射氯前列烯醇4 mL（0.4 mg），3 d肌内注射PG600一头份，在发情率和受孕率、产仔数等方面都有较好的效果。外源激素诱导后备母猪及断奶乏情母猪发情对提高规模化养猪业生产效率、经济效益具有深远意义。

肌内注射800 IU和1 000 IU绒毛膜促性腺激素均能显著提高后备母猪受孕率；肌内注射PMSG 800 IU＋HCG 400 IU可显著提高大白纯种母猪的发情、受孕及产仔率；使用氯前列烯醇（PG）或者与PMSG、HCG组合使用，在发情率和受孕率、产仔数等方面都有较好的效果。

维生素A、维生素D、维生素E配合使用促进青年后备母猪繁殖性能并提高仔猪成活率，已成为业界广泛认可的提高母猪生产性能的手段。肌内注射维生素ADE，直接作用于脑垂体和性腺，调控促卵泡素（FSH）、黄体生成素（LH）、雌二醇和孕酮等繁殖激素的分泌，促进母猪发情及胚胎、胎儿、子宫和乳房的发育，提高母猪的繁殖能力。采用第1天肌内注射维生素ADE 5 mL/头，5日后肌内注射PG 600 IU头份/头，可有效促进青年后备母猪提早发情，对提高断奶活仔数的影响极为明显。

促排卵素3号（LRH-A3），是由氨基酸合成的多肽激素，属于GnRH的高活性类似物，能够刺激垂体分泌LH，促进排卵，同时还能促进血液中孕酮水平的提高，能促进排卵及有利于早期胚胎的存活。在配种的同时或在配种前6～8 h肌内注射LRH-A3比对照组提高27.78%，在窝产仔数方面比对照组提高8.3%。

（二）母猪输精背夹的使用

母猪输精背夹可以适用于不同的母猪体型，拉伸能力强，夹在母猪腰部两胯，防止精液倒流，无须操作等待，提高工作效率，有效模仿了公猪爬跨，增加了对母猪的刺激，可有效提高受胎率。

母猪输精夹使用说明方法：①输精前将输精夹卡在母猪腰部位置，尽量让背夹贴近背部；②将输精管按照输精操作规范，插入母猪阴道内，锁定在子宫颈；③将输精瓶或者输精袋等固定于母猪输精夹后面的钩部或者支架上；④将输精管与精液包装连接好，检查固定的牢固性；⑤精液全部吸收到宫颈内，完成输精操作（瓶装精液可能因为瓶内气压变化影响精液流出，需要检查放气，袋装精液不存在此问题）（图5-11）。

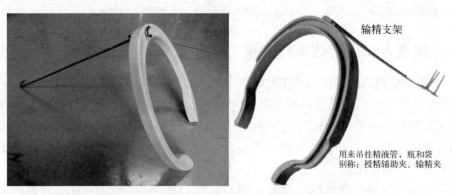

输精支架

用来吊挂精液管、瓶和袋
别称：授精辅助夹、输精夹

图5-11　母猪输精背夹

（三）把握好母猪配种标准

目前猪场待配母猪中后备母猪的比例较大（60%以上），但多数配种比较仓促，甚至强配比例较高，导致初胎母猪容易出现难产和产健仔数偏低。加强后备母猪的培育管理，并建立合理的配种标准：

（1）初配日龄　240～260 d。

（2）初配体重　130～150 kg。

（3）初配背膘　13～17 mm。

（4）初配情期数　至少2个情期以上。

（5）准确把握发情母猪的发情阶段。

（四）提升输精人员技术水平

猪场新员工可能容易引起配种分娩率波动，新员工经验不足常常会导致母猪的配种时机把握不准，影响母猪受胎率。关键是做好配种技术培训：

（1）猪场技术人员要对新员工系统培训人工授精的相关技能，在实际生产中多积累经验；

（2）猪场要建立合理的配种标准，如结合母猪静立反应、阴户变化和阴户内黏膜、黏液变化情况来综合判断母猪的配种时机和次数。

（五）保证种公猪精液品质

种公猪最适宜生活的环境温度为18～24 ℃，当环境温度高于27 ℃时，公猪睾丸生精功能就会受到影响。主要表现在繁殖性能下降，精子密度和活力、畸形率、与采精量均会有显著变化。应提高公猪料的能量水平以及消化率，调节电解质以及酸碱平衡。公猪发生热应激时对维生素C的需要量增加，增加维生素C供应可以缓解热应激带来的不良反应。

Duziński等（2014）通过两年的跟踪研究发现，常温精液人工授精时配合使用5 IU催产素（oxytocin，OXT），可降低母猪繁殖的季节性波动，催产素组的产仔率显著高于对照组（夏季和秋季），催产素组的窝产仔数较高（所有季节），催产素组的平均仔猪体重和断奶仔猪体重均较高（所有季节）。

（六）重视公猪效应

公猪效应（boar effect）是指公猪的刺激对母猪繁殖机能的影响，外部刺激包括嗅觉刺激和触觉刺激、视觉和听觉刺激，内部刺激包括交配刺激和精清中某些成分的刺激。

每年夏季和初秋，高温使公猪血液中的促肾上腺皮质激素的水平上升，从而抑制睾丸产生类固醇，睾酮、雄烯酮水平都较低，导致公猪的性欲减退。另外唾液中排出的信息素在高温环境中较易挥发失效，降低查情公猪对促发情起到的关键作用，进而影响母猪的发情、排卵。新型公猪信息素使用可显著缓解季节性不孕。

（七）对母猪按摩可提高输精效果

在常规人工授精中，精液导入到子宫颈外，需要性刺激方式促进精液顺利通过子宫颈到达子宫体内部。倒骑式按摩法人工输精技术能够获得较高的受胎率与活仔数，仔猪增重较好。实验组采用倒骑式按摩输精法输精。操作方法是配种员倒骑在母猪背上面，一只手拿输精袋输精，另外一只手给母猪做按摩和抚摸动作，同时用脚后跟配合来回磨蹭母猪的乳房，按摩时间为30～60 s。待输精完毕，继续倒骑按摩母猪，60 s后抽出输精管。按摩实验组的窝平均活仔数提高1.2头，断奶重提高3.55%。

猪场配种员技术水平和掌握输精技术的高低，如母猪配种前消毒程序、输精时海绵头的润滑、输精手法影响是存在的。倒骑式按摩输精法充分尊重配种人员的能动性，其意义在于：一是强化和维持母猪的性兴奋，促进母猪子宫收缩，强化母猪发情的压背静立反射；二是输精时按摩会使得母猪站立不动，有利于输精管插入与锁定，结合倒骑等按摩法刺激母猪性欲的提高，会促进精液的负压吸入；三是快速输入的精液，在输完精后应让母猪静止站立，不要急于拔出输精管，防止精液倒流。

>>> 第六章 猪精液冷冻保存与生产应用

第一节 冷冻液与解冻液配置

一、解冻设备和材料

冻精稀释粉、蒸馏水、输精瓶（有刻度，容量至少为 80 mL）、烧杯或塑料杯（无菌、1～2 L 容量）、恒温水浴锅、计时器、长钳子或大镊子、纸巾、剪刀、精确温度计。

二、冻精稀释液及配制

1. 精液冷冻稀释液组成 根据配制要求和稀释的需要，可将冷冻保存稀释液分别制成三种溶液：基础液、Ⅰ液、Ⅱ液。

（1）基础液 将糖类、盐类成批量地制成溶液，并密封保存。奶类经热处理。

（2）Ⅰ液 根据每次采精所需的冷冻稀释液的量，在基础液中加入一定量的卵黄和抗生素等配制成，用作第一次稀释。

（3）Ⅱ液 取需要量的Ⅰ液，按照比例加入经灭菌的甘油，配制成含有甘油的Ⅱ液，用作精液的第二次稀释。

2. 精液冷冻稀释液配制 将蒸馏水预热至 30～34 ℃后加（为所购买冻精配制的稀释粉）稀释粉（一包可配制 1 L 的稀释液），充分搅拌或用磁力搅拌器混匀，在室温条件下，待稀释液 20～40 min 稳定化。稳定化后的稀释液分装到 12 个带有刻度的容量至少为 80 mL 的塑料输精瓶中，每瓶至少 80 mL，然后在输精瓶上标明稀释液的配制日期。用完的烧杯等材料都要用清水洗涤干净后，再用蒸馏水漂洗 6 次，最后煮沸或用干燥箱灭菌，保存以待下次使用。配制好的稀释液如当天未能用完可放在 5 ℃条件下保存或－20 ℃条件下保存。

将当天配制的或冷冻保存的稀释液调至 20 ℃，上下可以浮动 1 ℃。同时将恒温水浴锅内的蒸馏水调至 50 ℃，上下可以浮动 1 ℃。如操作过程中使用的是普通温度计，因普通温度计存在±2 ℃以上的误差，所以一定要使用精确水银温度计调正。

三、解冻液配制与解冻方法

对颗粒冻精进行解冻时，先将其从液氮贮存器中取出，静置于泡沫聚苯乙烯容器中约 3 min，之后再放入 50 ℃的解冻液中。猪冷冻精液在解冻稀释过程中极易发生精子的氧化损伤。解冻液的优劣直接影响冷冻精液解冻后精子的一些生理、生化指标。解冻猪的冷冻精液包括三个组成部分，即解冻液、解冻温度和解冻方法。

1. 解冻液配制 以 5‰葡萄糖溶液 100 mL 添加 10‰安钠咖注射液 5 mL，或 5‰葡萄糖溶液与脱脂乳各半的混合液加 10‰安钠咖注射液 5 mL 为最好。优点是精子活力好，较其他解冻液高 10%～20%，精子复苏率高，较其他解冻液提高 15%～20%，解冻后精子存活时间延长 30～40 h。

最近应用新的解冻液，将解冻后的精液保存在 15 ℃环境中存活时间达 144 h。新的解冻液配方：蔗糖 2.0 g、葡萄糖 1.0 g、奶粉 2.5 g、乙二胺四乙酸二钠 0.05 g、柠檬酸钠 0.13 g、碳酸钾 0.03 g、三羟甲基氨基甲烷 0.18 g、20%安钠咖注射液 1 mL。各成分溶解后加蒸馏水至 100 mL，用三羟甲基氨基甲烷和柠檬酸调 pH 至 7.00。

以上各种解冻液均按每百毫升加入青、链霉素各 10 万 IU。

2. 冷冻解冻方法 细管法冷冻程序：取细管支架放到液氮面以上 5 cm，盖上容器盖平衡 10 min。用 0.5 mL 的聚乙烯细管装平衡好的精液并封口，然后水平摆好放在支架上盖好盖，在液氮面上熏蒸 10 min，然后迅速装入提篓放入液氮罐中保存。

解冻：取 200 mL 的烧杯，倒入 39 ℃温水，将细管在空气中停留 20 s 然后水浴并迅速搅动，待精液完全溶解时马上取出细管。剪开细管两端，将精液与 39 ℃解冻液混合。

第二节　冷冻精液制作流程

一、冻精剂型

猪的冻精颗粒：将 0.1 mL 精液滴冻在经液氮冷却的聚乙烯氟板或金属板上，制成颗粒。其优点是方法简便、易于制作，成本低，体积小，便于大量贮存。但缺点也较多，如剂量不标准，精液暴露在外容易受到污染，不易标记，易混淆，大多需解冻液解冻等，故许多国家已不用这种方法。

安瓿型：早期研究中，猪的精子采用玻璃瓶（Polge，1956）或玻璃试管（Settergren，1958）和较高浓度的甘油溶液进行冷冻保存。采用硅酸盐硬质玻璃制成的安瓿，盛装精液剂量多为 0.5～1 mL。优点是剂量标准，不受污染，标记明显。缺点是生产工艺复杂，成本较高、易破碎，体积和占用的空间比较大；解冻后需要转移到输精器内方可使用。

细管型：将精液导入到不同规格的细管中进行冷冻保存。

猪精液常见冷冻剂型如平口胶袋、铝袋，颗粒冻精，0.25 mL 细管，5 mL 大管。

二、冻精制作程序

刘敬顺（2008）指出冷冻精液制作工艺基本流程：精液采集→质量检测→第一次稀释→降温平衡（15 ℃、5 ℃）→第二次稀释→平衡→冷冻→保存。其中，精液采集→质量检测与普通精液相关环节类似，细管冷冻和颗粒冷冻环节有差异。

第三节　冻精的解冻与输精

一、冷冻精液的解冻

1. 解冻液　常用的解冻液成分大多为柠檬酸钠、葡萄糖、复方蔗糖。近年来，一些研究者通过在解冻液中添加有益成分来增加精液解冻后的活力。将液氮罐靠近解冻用的恒温水浴锅或其他解冻设备，这样能够尽量缩短冻精管从液氮罐转至解冻设备过程中处于室温下的时间。

2. 解冻方法　许承构和刘维国（1980）认为，解冻温度以 50 ℃为宜，温度过低会使精子复苏率降低，过高易使精液受热，影响精子寿命。解冻方法有干与湿两种。

干解冻法是将颗粒撒入铝盒内，使其浮在 50 ℃热水上，频频摇动 20～30 s，待其完全融化后即取出，按比例添加 32 ℃解冻液。

湿解冻法是先将解冻液预热至 50 ℃，然后投入颗粒，每毫升加入 2 粒（以一次解冻不超过 30 mL，冷冻颗粒不超过 60 个粒为宜）立即摇动，直至完全融化为止。

快速解冻较慢速解冻对精子活力的恢复有利，精子与浓缩溶液及低温保护剂接触的时间较短，细胞内外能较快地达到平衡而使精子的活力得以恢复。

将液氮罐内装有冻精的提桶提升到液氮罐颈部上方，能够用钳子将冻精管取出为宜，用长钳子或大镊子迅速取出一管（1 头份）精液，当提桶内还保存有其他冻精时，避免冻精管离开液氮环境并暴露于室温环境超过 5 s，否则将导致精液质量下降。在快速将冻精管从液氮罐取出的同时，需要核查公猪的编号是否正确，快速将冻精管放入 50 ℃蒸馏水的水浴锅中，冻精管在水浴锅中的时间需要使用秒表计时 45 s，快速取出。解冻时无需用手或工具拿着冻精管。如同时需要解冻 1 管以上冻精，须确保水浴温度维持 50 ℃稳定。如解冻时发生密封球弹出冻精管，致使冻精管爆裂，需废弃此管冻精。

冷冻、解冻效果与稀释液中的低温冷冻保护剂有较大的关系。因为公猪精子对甘油（丙三醇）的浓度敏感，所以，通常采用低浓度的甘油溶液进行快速冷冻（Mazur，1977）。为了保持精子活力和顶体的完整性，理想的冷冻速率推荐为：0.5 mL 细管采用 30 ℃/min，3％甘油浓度（Fiser and Fairfull，1990），或者 0.25 mL 细管采用 50 ℃/min，1.5％甘油浓度（Woelders and Den Besten，1993）。当 5 mL 大型细管 Maxi - straws 在 3.3％甘油浓度下冷冻时，为达到最佳的解冻效果，冷冻速度应较慢，为 16 ℃/min（Pursel and Park，1985）。Fisher 等（1993）和 Westendorf 等（1975）证实较快的解冻速率有利于保持公猪的精子活力，前者发现 0.5 mL 小型细管的适宜解冻速率是 120 ℃/min，后者研究了不同冷冻速率对分别对麦管、塑料袋保存精子的影响。

人工授精站在销售冻精时一般会提供与其冷冻过程相对应的解冻操作程序，但冷冻—解冻程序的优化一直是国际学者不断研究和更新的热点。

冷冻过程中的精子细胞不但要对保存状态的低温有耐受能力，而且要能经受从射精时机体温度到保存时的超低温度的变化而不过度降低活力，后者比前者更重要。每种细胞都有它理想的冷冻与解冻速率要求，Mazur 等（1972）给出的两条理论原则是：①冷冻速率太慢时，要保存的细胞易受高浓度溶解液的影响而死亡或遭到破坏（称溶解液效应）；

②冷冻速率过快时，细胞内液体易导致结冰现象，解冻时的原理恰好相反。理论上讲，冷冻/冷却速率快的情况下，解冻速率也相应加快，其程度视不同类型细胞而略有差异（表6-1）。

表6-1　不同剂型冻精的冷却速率和解冻速率

容器	冷冻速率	解冻速率
	30~50 ℃/min	1 200~1 800 ℃/min
0.25 mL 微细管	50 ℃/min、1.5%甘油	12 s 或 37 ℃，20 s
0.5 mL 小型细管	30 ℃/min、3%甘油	12 s 或 37 ℃，20 s
5 mL 大型细管	16 ℃/min、3.3%甘油	50 ℃，13 s
5 mL 塑料袋		12 s 或 37 ℃，20 s

二、冷冻精液解冻后检查与输精

1. 冷冻精液检查　见表6-2

表6-2　猪冷冻精液解冻检查的用品

序号	名称	规格	数量
1	猪的冷冻细管精液	0.5 mL 规格	适量
2	吸管	普通	1~2 支
3	刻度试管	10~50 mL	2~4 支
4	烧杯	100~200 mL	2 个
5	水浴锅	2~4 孔可控温	1
6	载玻片、盖玻片、纱布、橡皮筋等辅助用品	干净、消毒	适量
7	稀释液	有防冷冻物质	精液的 2~4 倍量
8	液氮罐	装有足量液氮	1 个
9	电光源显微镜	相差物镜 10 倍、20 倍	1 套
10	吉姆萨染色套装	染液、固定液	1 套

冷冻解冻后要进行精子活力、存活时间和精子顶体完好率及输精后的情期受胎率和产仔率等项检查。评定公猪精液冷冻效果的主要指标：冻后精子活力和存活时间、冻后精子顶体完好率、输精后的情期受胎率和产仔率。

2. 冷冻精液输精　选在母猪发情盛期开始输精，一次输精量为25~30 mL，精子总数10亿~15亿个，前进精子总数为3亿~5亿个。输精后母猪继续发情时间隔24 h进行第二次输精。

冷冻精液目前因为制作成本较高，售价较高，为确保冷冻精液输配成功，最好采用深部输精。输配必须及时、严格按规程进行。

要求解冻后精子活力要求必须达到0.3时以上；解冻后应尽快给母猪输精，一般不得超过1 h；严防输精太快出现精液倒流，倒流严重时必须补输。

第四节 性控精液的生产

一、性别控制及意义

性别控制（sex control）是通过对动物的正常生殖过程进行人为干预，使成年雌性动物产出人们期望性别后代的一门生物技术。

生物性别是个体发育性状，精子分离是实现性别控制的首要手段。猪卵子与 X 精子结合，后代为雌性；与 Y 精子结合，后代为雄性。将 X 与 Y 精子分离，然后用特定类型精子进入受精过程，从而实现性别控制目的，获得人类需要具有特点性状优势的个体。

性别控制还可以通过胚胎性别鉴别来实现。

性别控制在畜牧业中具有重要的生产意义，技术控制多产雄性肉牛、肉鸡、绵羊和猪等具有增重快、肉质优等特点的雄性后代。在育种方面，通过性别控制可以增加选择家畜遗传和表型性别的强度，消灭不理想的隐性性状，加快家畜的遗传进展、畜群的更新。此外，随着分子遗传学和发育生物学以及其他相关科学的发展，性别控制技术将成为胚胎工程中的一项配套技术，它对各项生物技术的发展和应用都具有重要的促进作用。

二、性控精液生产原理及方法

精子分离法主要是依据 X 精子和 Y 精子的理化特性如密度、形态、大小、活力、表面电荷和免疫原性等进行分离。X 精子在长度、头部面积、周径、颈部长度、尾长等形态上显著大于 Y 精子，这为精子分离提供了理论依据。

对于 X 与 Y 精子分离，目前尚无 100％可分离的方法。目前有关报道，目前有密度梯度离心分离法、自由电泳分离法、离心沉积分离法、表面抗原免疫分离、流式细胞分选法等。准确率较高应用较普遍、前景较好的当属流式细胞仪分离法。

（1）流式细胞仪分选法　流式细胞仪分离纯度高达 80％以上，用于冷冻保存、胚胎性控等具有较大优势。

（2）离心分离法　分离介质（Percoll 试剂）中的沉降速度不等，X 精子沉降速度比 Y 精子快；这样在一个由低到高的密度梯度中，通过适当的离心力作用下，经过一定时间离心，可在不同密度梯度中分离出富含 X 或 Y 精子的样本。

（3）电泳分离　以中性缓冲液电泳时向阳离子移动的 X 精子比 Y 精子多来对精子进行分离。

>>> 第七章　母猪妊娠诊断与孕期管理

第一节　母猪妊娠后生理变化

1. 母体的变化　妊娠母猪新陈代谢旺盛、食欲增加，消化功能增强，随着营养状况的改善，表现为体重增加、毛色光润。妊娠后期，胎儿生长加快，母体营养物质消耗增加，如果饲养管理不当，母猪常表现消瘦。饲料中钙、磷不足时，母猪会后肢跛行。随着胎儿的生长，母猪腹腔容积缩小，内压增加，使排尿、排粪次数增多，而每次排量减少。妊娠末期，腹围增大，行动小心、谨慎，容易疲倦、出汗。

2. 卵巢的变化　配种后未妊娠的母猪，卵巢上的黄体退化，进入下一个发情期；妊娠母猪则黄体持续存在，从而中断发情。妊娠母猪卵巢的黄体数目往往较胎儿多，也有孕后发情现象。妊娠后期母猪子宫因胎儿体积增大而沉入腹腔，卵巢的位置也随之下沉（图7-1）。

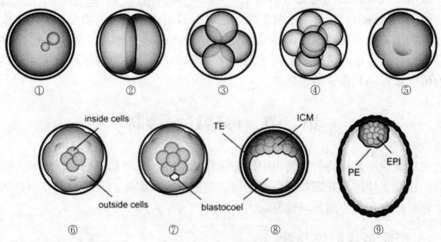

图7-1　卵裂及胚泡的形成

①受精卵单细胞期　②二细胞期　③四细胞期　④八细胞期　⑤桑葚胚　⑥～⑨囊胚期

注：引自 Yamanaka 等，2006。

3. 子宫的变化　随着母猪妊娠期的延长，子宫体积逐渐增大，包括增生、生长和扩展三种变化。胚泡附植前，子宫内膜因孕酮的致敏而增生，其变化是血管分布增加、子宫腺增长、腺体卷曲及白细胞浸润。胚泡附植后，子宫开始生长，其变化是子宫肌肥大、结缔组织基质广泛增加、纤维成分及胶原含量增加，子宫基质的变化对于子宫适应孕体的发展和产后复原具有重要意义。在子宫扩展期间，子宫生长减慢而其内容物则以加速度增长。

子宫的生长和扩展，先由孕角和子宫体开始。妊娠前半期，子宫体积的增长主要是子宫肌纤维肥大增生；妊娠后半期，则是胎儿使子宫壁扩展，子宫壁因此变薄。

4. 阴门及阴道的变化　妊娠初期，阴唇收缩、阴门紧闭。随着妊娠期的延长，阴唇的水肿程度增加。阴道黏膜的颜色变为苍白，并覆盖有从子宫颈分泌出来的浓稠黏液。因此，阴道黏膜并不滑润，插入开膣器时感到有阻力。妊娠末期，阴唇、阴道因水肿加剧而变得柔软。

5. 子宫动脉的变化　随着子宫的下沉及扩展，子宫壁内血管逐渐变得较直。胎儿营养需要增加，流往子宫的血量增加，血管变粗，出现妊娠脉搏。

6. 胎膜　发育完成的胎膜包括尿膜羊膜、尿膜绒毛膜、羊膜绒毛膜和脐带（图7-2）。

7. 胎水　羊膜腔里的羊水和尿膜腔的尿水，总称胎水。

（1）胎水的来源　胎水主要由胎儿肾脏的排泄物、羊膜及尿膜上柱状细胞的分泌物、胎儿唾液腺的分泌物和胎儿颊黏膜、肺、气管的分泌物组成。

（2）胎水的作用　胎水可使胎儿身体各部分受压

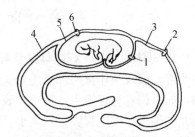

图7-2　猪的胎膜
1. 尿膜羊膜　2. 尿膜绒毛膜　3. 尿膜外层
4. 绒毛膜　5. 羊膜　6. 羊膜绒毛膜
注：引自张忠诚，1986。

均匀，不致造成畸形，也可避免压迫脐带，影响胎儿血液循环，还可阻止外来的机械冲击。防止胎儿与周围组织或胎儿本身组织粘连。分娩时由于子宫的收缩，胎水被推压到子宫颈处，有助于扩张子宫颈管。胎水流出后，作为产道的天然润滑剂，有利于胎儿的产出。在胚胎发育的早期，由于胎水的压力，可使滋养层与子宫黏膜更加接近，有助于胚胎的初期附植。维持胎儿血浆的渗透压。

第二节　母猪妊娠诊断

母猪的妊娠诊断是提高种猪繁殖率的关键技术之一。在准确把握发情周期、适时配种的前提下，还要密切注意妊娠与否，否则可能造成重配或漏配。除了前文介绍过的常规诊断方法之外，还有超声检测及其他方法。

一、A型超声诊断仪诊断

A型超声诊断仪是幅度调制型，显示单声束界面回波的幅度，以声音形式输出或形成反映一个方向的一维图像。一般兽用A型超声诊断仪的体积都比较小，是一种便于携带、操作简单的妊娠诊断仪器。此类仪器可以在母猪妊娠的早期作出诊断，诊断准确率高，在配种30 d时，妊娠阳性准确率达80%；在配种75 d时，妊娠阳性准确率可达95%。

（1）准备工作　调试好便携式兽用 A 超诊断仪，准备好耦合剂（专用耦合剂或菜籽油、石蜡油），将待检母猪驱赶至宽敞的场地。

（2）安抚母猪，使其安静站立。在母猪任一腹侧最后肋下腹部、最后一对乳头上方，涂抹耦合剂或石蜡油。

（3）把超声仪探头紧贴皮肤，平滑移动探头，对子宫进行弧形扫描。扫描角度大约与母猪体成 45°，并对准对侧前肩。

（4）待发出"嘟嘟"声音后，判定并记录结果。

（5）同样方法检测另一侧，以验证检查结果。

（6）当听到连续的"嘟嘟"声，则诊断为妊娠。如出现断续的"嘟嘟"声，调整探头方向，后无连续响声，则诊断为未孕。

二、B 型超声诊断仪诊断

一般 B 超（B-mode ultrasound）为灰度图像（灰度调制型的二维图像），回声反射（散射）。回声的大小反映的界面大小，明暗程度反映灰度强弱。分无回声（一般为液性暗区）、弱回声（灰色）、等回声（白色）。回声在屏幕上形成的图像称声像图。目前，猪 B 超妊娠诊断技术已经在大型的养猪场得到广泛的应用。

1. 具体诊断操作

（1）准备工作　打开 B 超仪，调节好对比度、灰度和增益，使其适合当时当地的光线强弱及检测者的视觉。准备好耦合剂（专用耦合剂或菜籽油、石蜡油）。

（2）使待检母猪于限位栏内或在运动场上安静站立、侧卧。将其大腿内侧、最后乳头上方腹壁洗净，涂上耦合剂。毛多时，要剪毛后再涂耦合剂。

（3）将探头涂抹耦合剂后置于最后一对乳头上方区，紧贴母猪腹部皮肤，调整探头前后上下位置及入射角度，首先找到膀胱区，再在膀胱顶上方寻找子宫区，观察 B 超显示屏上子宫区的图像，记录检测结果。

（4）当出现清晰图像时，冻结图像，测量胎囊或胎儿长度，按产科表提示判断出妊娠时间。

（5）结果判定　如在显示屏上出典型的孕囊暗区即可确认为妊娠。

2. 测定方法与图像　猪用 B 超妊娠诊断至少 2 次。第一次一般在配种后 21～28 d，判断是否妊娠；第二次 35～40 d，复查确认。

一般兽用 B 超都可做猪妊娠检测，但多以便携式为主。如仪器检测到母猪的子宫区域有明显孕囊（深色）存在，说明已经妊娠；如果一片灰白色，没有任何内容物，说明空怀。

3. B 超妊娠检测实例　胡麦顺等于 2010 年 11 月至 2011 年 3 月，在北京顺义某种猪场进行 B 超妊娠检测试验。

应用设备：HONDA 公司生产的 HS-101V 便携式兽用 B 超（HCS-136C：3.5 MHz 60R 凸阵探头）。

检测方法：被检母猪可在限饲栏内自由站立或保定栏内侧卧保定，于其大腿内侧、最后乳头外侧腹壁上洗净，猪被毛稀少，探测时不必剪毛，探测时涂布耦合剂，让探测部位保持湿润。打开 B 超仪，根据检测的目标，调节好对比度、辉度和增益以适合当时当地的光线强弱及检测者的视觉。探头涂布耦合剂后置于检测区，使超声发射面与皮肤紧密相接，调节探头位置及入射角度，寻找目标部位。妊娠探测或者生殖器官（子宫与卵巢）的探测一般在下腹部左右，后胁部前的乳房上部，在靠近后肢股内侧的腹部或倒数第 1～3 对乳头之间。探头与体轴平行朝向母猪的泌尿生殖道进行滑动扫查或扇形扫查。探到膀胱后，向膀胱上部或侧面扫查从最后一对乳腺的后上方开始，随着妊娠日期的增进，妊娠探查的部位应逐渐前移，最后可达肋骨后端。

应用 B 超妊娠诊断主要是观察子宫、胎水、胎体、胎心搏动、胎动及胎盘。胎水是均质的介质，对超声波不产生反射，呈小的圆形暗区。子宫内出现暗区，判为妊娠；子宫内未出现暗区，判为未妊娠。卵巢探测可在腹侧壁进行，位于肾脏的外后方、膀胱的正前方，呈中等密度的同声影，边界清晰，其上有许多大小不等的规则的卵泡或黄体暗区。

母猪配种输精后 18～21 d 内以探测胎囊判断妊娠，准确率较高，18～25 d 期间胎囊急速增长，在 22 d 后 100% 可探到胎囊。未孕的需两侧探查，可见到子宫和肠道的强同声。

整个妊娠期进行 B 超检测，大致可以把妊娠期分为早期、中期和后期。妊娠三个时期有着不同的影像表现和特点。

早期妊娠的典型影像图是在膀胱前方的子宫区域内（亮线以上）有数个明显的近似圆形液性孕囊以及孕囊内的白色胎体反射。妊娠早期（配种后 45 d 前）的影像图表现主要是以子宫区域内明显的孕囊和胎体反射为主，这期间的典型特征就是孕囊明显而且大致呈圆形，里面含有回声不太强的胎体反射。

妊娠中期（配种后 45～60 d）是胎儿骨骼开始钙化到钙化完全的时期，这一时期由于胎儿骨骼逐渐钙化完全，其影像图上开始看到回声逐渐增强的骨骼强回声影像。

妊娠后期（配种后 60 d 后）是胎儿体积快速增长时期，胎儿钙化已经完全，胎儿体积较大，所以探查时主要是观察胎儿骨骼的纵切面为主，特别是胎儿胸腔的纵切面更是直观，这个时候的探测位置要逐渐前移，并且探测方向应该逐渐向前，这一时期的影像图特点是胎儿骨骼明显，这是在一个切面内一般只能显示胎儿身体的一部分。妊娠检查、检测完成后，应将检查、检测结果即时录入管理软件。如果未孕，及时补配。

妊娠早、中、晚期 B 超检查图片如图 7-3 至图 7-6。由 B 超检查图片可知，孕囊直径随孕期延长，逐渐变大。配种 21 d 后 20 mm→26 d 后 30 mm→31 d 后 40 mm……配种 21 d 后的图片，B 超仪设定聚焦位置为近焦，测量深度为 12 cm，多个黑色暗区为孕囊，直径约 20 mm。

配种 26 d 后的声像图，B 超仪设定聚焦位置为远焦，测量深度为 18 cm，多个黑色暗区为孕囊，直径约 30 mm。

配种 31 d 后，B 超仪器设定聚焦位置为远焦，测量深度为 18 cm，多个黑色暗区为孕囊，直径约 40 mm。配种 37 d 后，B 超仪器设定聚焦位置为近焦，测量深度为 6 cm，图 7-4（右上）右下角暗区为一个孕囊，直径约为 40 mm。图 7-4 左下为配种 41 d 后，右下为配种 45 d 后，B 超仪器设定聚焦位置为近焦，测量深度为 6 cm，孕囊直径进一步增大。

配种 54 d 后（图 7-5 左上）和配种 57 d 后（图 7-5 右上），B 超仪器设定聚焦位置为近焦，测量深度为 6 cm，孕囊直径基本不变，可见强回声的胎儿骨骼。

配种 58 d 后（图 7-5 左下），B 超仪器设定聚焦位置为近焦，测量深度为 6 cm，可见强回声的胎儿脊柱骨骼。配种 81 d 后（图 7-5 右下），B 超仪器设定聚焦位置为中焦，测量深度为 14 cm，可见强回声的胎儿脊柱骨骼。

配种 94 d 后（图 7-6 左），B 超仪器设定聚焦位置为近焦，测量深度为 6 cm，可见强回声的胎儿脊柱骨骼。

配种 110 d 后（图 7-6 右），B 超仪器设定聚焦位置为中焦，测量深度为 10 cm，可见强回声的胎儿脊柱骨骼。

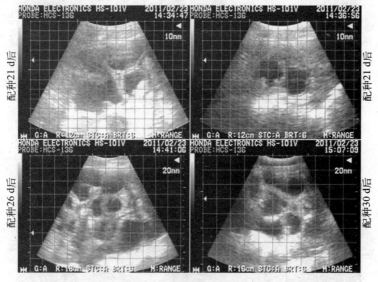

图 7-3　母猪配种 21 d 后、26 d 后、30 d 后 B 超声像图

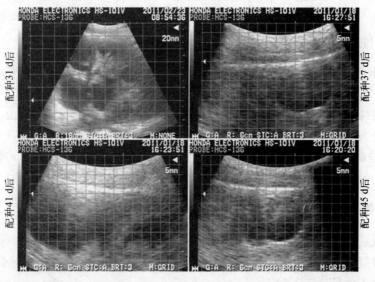

图 7-4　母猪配种 31 d、37 d、41 d、45 d 后 B 超声像图

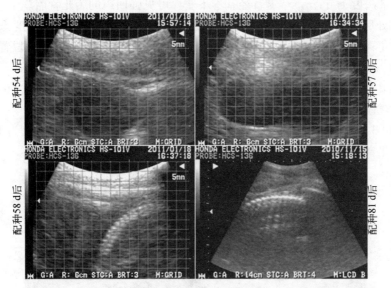

图 7-5　母猪配种 54 d、57 d、58 d、81 d 后 B 超声像图

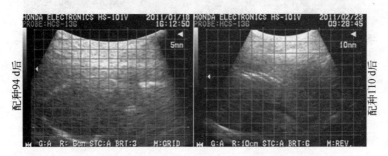

图 7-6　母猪配种 94 d 和 110 d 后 B 超声像图

三、其他检测方法

1. 尿液碘酒检验　取配种后 5～10 d 的母猪晨尿 10 mL 左右，放入试管内测出相对密度（应在 1.01～1.025）。若过浓，则须加水稀释到上述比重。然后滴入 5～7％ 1 mL 的碘酒，在酒精灯上加热，达沸点时，注意观察颜色变化。若已妊娠，尿液由上而下出现红色；若没有妊娠，尿液呈淡黄色或褐绿色，而且尿液冷却后颜色会消失。

2. 早早孕试纸诊断　采取配种几天后的母猪晨尿 10 mL，将早早孕试条浸入尿液超过红线即可，等待 1～2 min，如若出现两条红线即表明妊娠。

四、妊娠信息管理

输精完成后，保存好记录表信息并即时录入种猪管理或育种系统软件（图 7-7）。

母猪进过妊娠鉴定后，将受孕情况记录下来。分娩后，通过"母猪综合繁殖性能查询"可获得有关信息（图 7-8）。

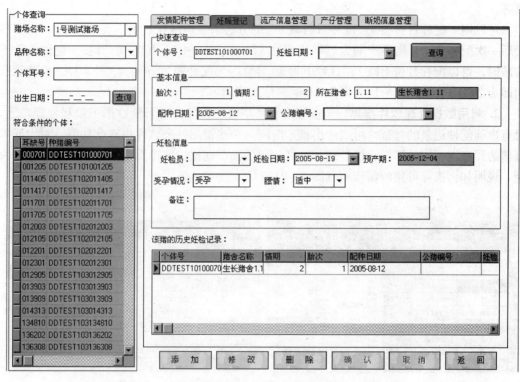

图7-7　种猪管理系统（GBS）繁殖性能登记信息表

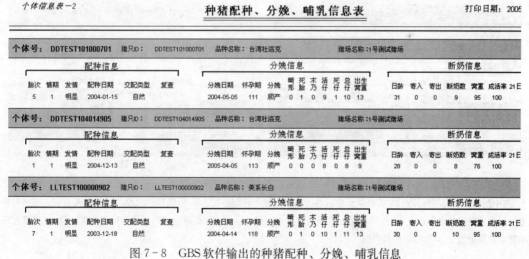

图7-8　GBS软件输出的种猪配种、分娩、哺乳信息

第三节　妊娠母猪管理

一、预产期的推算方法

1. 快速推算法　母猪预产期可按"三、三、三"法，即3月、3周加3 d的方法来

推算。

可以用"配种月份加4，配种日数减6"的方法来快速推算，如一头母猪在5月20日最后一次配种受胎，则预产期为当年的9月（5+4＝9）14日（20-6＝14）。配种日数不够减时，可以配种月份上减1、日数上加30计算，如配种期2020年11月3日，推算预产期即为2月（11-1+4＝14，即2021年2月）25日（3+30-6＝25）。

2. 利用数据处理软件推算 当前很多种畜场管理软件都有繁殖数据记录和处理功能，对有准确配种记录的母畜，可以给出预产时间。一些常用办公软件也有此功能，对大群体母猪的预产期可用计算机软件处理。这样获得的预产期比快速推算法准确。现以Excel为例，说明如何推算母猪的预产期（图7-9）。

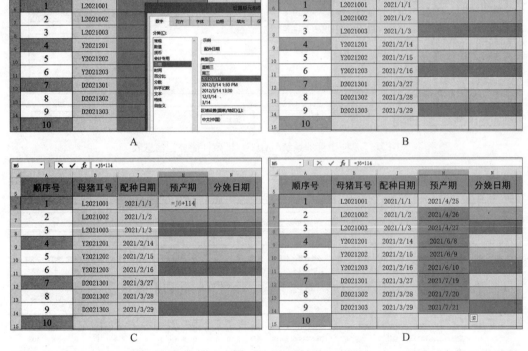

图7-9 Excel推算母猪的预产期

A. 选中配种日期L列和预产期M列单元格，右键单击设置为日期格式 B. 将最后一次配种日期录入L列，或者粘贴也可以自动变成日期形式 C. 于M列单元格编写公式"＝J6+114"，回车确定，即为该母猪预产期 D. 使用填充棒功能，计算出整个M列母猪的预产期

二、妊娠母猪管理要点

1. 妊娠早期安胎 母猪妊娠后20 d左右是第一个关键时期，是受精卵附植到子宫形成胎盘的时期，如果胚胎与胎盘结合不牢，易流产死亡。在营养上，应注意饲料的全价性和营养质量；千万不要饲喂发霉变质、有毒、冰冻的饲料，否则易引起胚胎早期死亡和流产。

2. 妊娠后期管理　第二个关键时期是母猪妊娠的最后 1 个月，此间胎儿生长发育迅速，体重的 60% 以上都在这个时期生长，所以需要的营养物质特别多，要求饲料既要有质量又要有数量，特别要注意满足蛋白质、维生素和矿物质营养的需要。只有加强母猪妊娠的饲养管理，满足妊娠母猪的营养需要，保证妊娠母猪体质健壮，才能获得初生体重大、数量多、体质健壮的仔猪，为仔猪培育奠定基础。

分娩前 1 周，将母猪调整到产房。产房温度控制在 18～22℃，相对湿度为 65%～75%。

妊娠期母猪饲喂的目标是获得适宜的体增重，产仔时背膘厚达到目标水平（18～22 mm）。

3. 日粮调整　根据妊娠天数与背膘厚度作调整，例如：

0～14 d：日喂料量 1.8 kg。

15～85 d：日喂料量 1.8～2.2 kg，根据膘情随时调整。

86～107 d：背膘厚 17～21 mm 日喂料量 2 kg；背膘厚度小于 17 mm，日喂料量 2.3 kg；背膘厚度大于 21 mm，日喂料量 1.8 kg。

108 d 至产前：背膘厚 17～21 mm，日喂料量 2.5 kg；背膘厚度小于 17 mm，日喂料量 3.0 kg；背膘厚度大于 21 mm，日喂料量 2.0 kg。

>>> 第八章 母猪分娩与产后护理

分娩是母畜借子宫和腹肌的收缩，将胎儿及胎膜（胎衣）排出体外的过程，分为：①开口期，从子宫开始阵缩到子宫颈完全开张，与阴道的界限消失；②胎儿排出期，从子宫颈口完全开张到胎儿排出；③胎衣排出期，从胎儿排出到胎衣完全排出；④产后期，从胎衣排出到生殖器官恢复原状的一段时间称为产后期（表8-1）。

表8-1 猪场分娩前准备

序号	内容	要　　点
1	产房的准备	（1）在母猪转入前一周，要对产房的墙壁、地面和饲槽等进行清扫消毒。 （2）在产床上铺垫上清洁柔软的垫草。 （3）安装调试好保暖设备，如红外线灯、温水循环或电加热板等
2	药品的准备	（1）消毒药品　0.1%高锰酸钾溶液、75%酒精、1%～3%的来苏儿液、新洁尔灭液、5%碘酊等。 （2）催产药品　雌激素、催产素
3	器械、用品的准备	肥皂、毛巾、棉花、纱布、注射器及一套产科器械
4	母猪准备	（1）在预产期前一周将母猪转入产房。 （2）母猪进入产房前要用温和的肥皂水清洗全身，以清除脏物、寄生虫和其他病原体
5	接产人员的准备	（1）穿好工作服。 （2）清洗、消毒手臂

第一节 产前准备工作

一、产房的清理与干燥

对圈舍进行彻底清理、清洗、消毒，并且干燥。

1. 产房清洗与消毒　清理产床和设备上的杂物、粪污等，包括料槽和落料管中的饲料、碗式饮水器残留等。尤其注意卫生死角。用水浸泡6～12 h，彻底冲洗干净。

如果不能做到圈舍干燥，用水溶性消毒剂会被稀释，影响消毒效果。因此，为保证消毒效果，需要根据实际情况，提高消毒剂浓度。如果能做到空间密闭，用福尔马林熏蒸，消毒更彻底。

2. 产房干燥 用烘干和通风的方法,使舍内水分蒸发。在母猪转入产房前,产房内必须保持完全干燥。

3. 产房设备维护与检查

(1)饮水系统 测试饮水系统。检查母猪和仔猪的饮水器是否通畅,并确保每个猪用乳头饮水器流量达到 4 L/min。

(2)饲喂系统 测试喂料系统。检查并确保饲喂器运行正常,落料管、料槽完好。

(3)温控系统 测试温控系统。打开保温灯,使得仔猪保温区温度达到 34~35 ℃(最高为 36 ℃)。仔猪保温箱通常有放置保温灯的开口,准备好盖子,便于在不用保温灯时,能堵住开口,避免类似"烟囱效应"散热。母猪区域的最适温度是 16~20 ℃,当室温高于 22 ℃,母猪的采食量就会降低。产房室内温度和相对湿度总和的数值应保持在85~90。为了达到合适的温度,在进猪前产房的温度应该比最适温度低 4 ℃左右。

(4)通风系统 测试通风系统。检查并确保设备运行正常,保持良好的空气质量。一定不能让贼风吹到母猪,仔猪一定要在无风环境中饲养。

(5)预备足够的产床 保留相应的空产床位置,预备奶妈猪使用。为保证空气质量和温度的均衡,奶妈床应均匀分布在产房内。

二、母猪饲喂管理

1. 进产房 应在分娩前1周,将母猪转入产房。初次配种的母猪,不少于 7 d,经产母猪最少不能低于 3 d,以便于母猪有足够的时间适应环境。降低应激,有利于母猪顺利分娩。

选择合适的气候条件转群,天气好、气温舒适。秋冬季节一般在上午 10:00 以后,此时天气温暖;而炎热的夏天,应选择气温凉爽时转群。不能暴力驱赶,设置好通路,借助挡板,引导母猪顺利转群。

母猪转群是从妊娠舍到产房的过程。在进入产房前,设置母猪淋浴间冲洗母猪。冬春季节用温水,夏季用自来水(不可过凉)。母猪清洗干净后,用过硫酸氢钾溶液做一次喷雾消毒,然后才能进入产房。推荐消毒模式是:清水冲淋→泡沫冲淋→清水冲淋→消毒液喷雾。母猪上产床后,应及时清理粪便和污物,保持环境卫生。

根据预产期,把日期接近的母猪栏位安排在一起,便于管理。同时,减少之后因人员操作对分娩母猪造成的应激。母猪在断奶后要给以高能量饲料和充足的采食量,来刺激母猪早发情。

2. 饲喂方案确定 为保证母猪有足够的体力顺利分娩,并在之后有良好的泌乳力,需要在产前适当减少饲喂量。

根据体况评分,确定减料的时间:减料不能早于产前 2 d 时间,过早减料会增加母猪饥饿感,产生应激,而且分娩时可能体力不够,而延迟产程。

前 2 d 日饲喂量不低于 3 kg,前 1 d 日饲喂量不低于 2 kg;分娩当天根据情况,喂料量在 1~2 kg 之间。过少的饲喂,会让母猪分娩时努责无力,而延长产程。过高的采食量，也会延长分娩时间，还会影响母猪产后的采食量和泌乳力。

3. 分娩时间预判 母猪的预产期不完全一致，妊娠时间在 113～116 d 分布。需要根据母猪的表现，来预判分娩时间。分娩前 4～5 d 乳房显著膨大，分娩前 3 d，母猪起卧行动谨慎。至此，母猪已经为分娩做好了充足的准备，等待分娩，迎接仔猪出生。

三、产房管理要点

母猪分娩是猪场管理的核心关键点。繁殖母猪有 18% 以上的淘汰率，其原因是出现生殖系统疾病，而分娩及产后一周的管理失当，是最主要的影响因素。产后一周初生仔猪的死亡数，占哺乳期仔猪总死亡数的 80% 以上。做好分娩后一周的工作，产房管理就成功了 80%。

现代母猪平均每胎总产仔数在 14 头左右，分娩是一个极其耗费体力的过程。产程即总的分娩时长，对于母猪和仔猪，都非常关键。产程过长，容易导致仔猪窒息在产道中，增加死胎数。同时，母猪分娩时，产道处于张开状态，细菌极易入侵；产程过长，也会增加患子宫炎的风险。继而影响之后的泌乳性能与下个繁殖周期的生产性能，甚至提前淘汰。

1. 降低母猪应激 改善动物福利，降低应激，以缩短产程。

查巡临产母猪：每小时检查一次母猪，当母猪卧立不安、不再进食、来回走动、轻挤乳头有奶水流出、外阴红肿、频频排尿、阴道有黏液时，准备接产。排除一切噪声因素，避免人员惊扰，确保母猪分娩时，环境是友好的。母猪临产时，不再进食。需要保证足够的饮水，但注意尽量不要弄湿产床。

2. 器具与环境调整 准备好接产和产后所用的设备和器具。

适当收窄限位栏架，保留母猪能自由站立和躺卧的位置。适当限制母猪活动空间，降低仔猪被压死的概率。

母猪和仔猪都共同在产房环境中，但对于温度的需求不同。满足仔猪温度时，母猪热应激；满足母猪温度时，仔猪冷应激。所以，需要为仔猪局部升温。

在保温箱区撒上干燥消毒粉，保证内部干燥。打开保温灯，提前给仔猪保温箱升温。

如果产房室温较低，分娩时可在母猪臀后加保温灯。第一头仔猪落地后，打开保温灯。需要强调的是：仅仅分娩时使用，如果过早打开，容易给环境升温，造成母猪热应激。

准备清洗消毒水、碘酒消毒液、干粉消毒剂或消毒过的毛巾、剪牙钳、断尾钳，以及可能用到的助产用具。

第二节　分娩过程与接生

一、分娩预兆

分娩是指母畜妊娠期已满，将发育成熟的胎儿及胎儿附属物从子宫内排出到体外的生理过程。分娩预兆是指母畜在临近分娩时，生理和形态上所发生的一系列变化。根据分娩预兆，可预测分娩时间，做好分娩前的准备工作（表 8-2）。

表 8-2 产前表现与产仔时间预测

产前表现	距产仔时间
乳房胀大，乳房底部水肿	15 d 左右
阴户红肿，尾根两侧开始下陷变松垮	3～5 d
可以挤出乳汁，乳汁透明色	1～2 d（从前面乳头开始）
精神不安，回顾腹部，来回走动	8～16 h（初产猪、本地猪早）
可以挤出乳汁，乳汁为乳白色	6 h 左右
呼吸变急促，每分钟呼吸 90 次左右	4 h 左右（产前 1 d 每分钟呼吸约 54 次）
躺下、四肢伸直，出现阵缩	10～90 min
阴户流出稀薄滑润的黏液	1～20 min

二、母猪分娩过程

1. 准备阶段 准备初期，子宫以每 15 min 左右周期性地收缩，每次收缩维持时间为 20 s。随着时间的推移，收缩的频率、强度和持续时间增加，一直到最后每隔几分钟重复地收缩。准备阶段结束时，由于子宫颈扩张，使子宫和阴道形成一个开放性通道，促使胎儿进入骨盆入口，尿囊绒毛膜破裂，尿囊液顺阴道流出体外，整个准备阶段 2～6 h，超过 12 h，会导致难产。

2. 产出胎儿 当胎儿进入骨盆入口时，引起膈肌和腹肌的反射性和随意性收缩，使腹腔内压升高，这种压力的升高伴随着子宫的收缩，迫使胎儿通过阴户排出体外。正常分娩时，从排出第一头仔猪到最后一头仔猪一般 1～4 h（每头仔猪排出的时间间隔 5～25 min），超过 5～12 h，说明有胎儿滞留迹象。

3. 排出胎盘 胎盘的排出与子宫的收缩有关。子宫角顶端的蠕动性收缩引起了尿囊绒毛膜内翻，这有助于胎盘的排出。一般正常分娩结束 10～30 min 胎盘排出。

4. 子宫复原 胎儿和胎盘排出后，子宫恢复到未妊娠大小，称为子宫复原。产后几周内，子宫收缩比正常时更为频繁，在第 1 天大概每 3 min 收缩一次，以后 3～4 d 期间子宫收缩逐渐减少到 10～12 min 收缩一次，收缩结束，引起子宫肌细胞的距离缩短，子宫体复原需 10 d 左右，但子宫颈的回缩比子宫体慢，到第 3 周末才完成复原。

三、产力、产道与产程

1. 产力 产力是指胎儿从子宫内排出的力量，由子宫肌、腹肌和膈肌的收缩产生。子宫肌的收缩是有节律的，称为阵缩，阵缩是分娩的主要动力。腹肌和膈肌的协同收缩，称为努责，努责受意识支配，是协助分娩的力量。

2. 产道 产道是分娩时胎儿由子宫排出所经过的通道，分为软产道和硬产道。

（1）软产道 软产道包括子宫颈、阴道、尿生殖前庭和阴门。在分娩时子宫颈逐渐松弛，直至完全开张。

（2）硬产道 硬产道指骨盆，主要由荐骨与前三个尾椎、髂骨及荐坐韧带构成。骨盆分为以下四个部分：

① 入口　是骨盆的腹腔面，斜向前下方。由上方的荐骨基部、两侧的髂骨及下方的耻骨前缘所围成。骨盆入口的形态大小和倾斜度与分娩时胎儿通过的难易有很大关系，入口较大而倾斜，形状圆而宽阔，胎儿容易通过。

② 骨盆腔　是骨盆入口与出口之间的空间。骨盆顶由荐骨和前三个尾椎构成，侧壁由髂骨、坐骨的髋臼支和荐坐韧带构成，底部由耻骨和坐骨构成。

③ 出口　是由上方的第1、2、3尾椎，两侧荐坐韧带后缘以及下方的坐骨弓围成。

④ 骨盆轴　是通过骨盆腔中心的一条假想线，它代表胎儿通过骨盆时所走的路线，骨盆轴越短越直，胎儿通过越容易。

猪的骨盆入口为椭圆形，倾斜度大。坐骨上棘及坐骨结节较发达，骨盆底宽而平，坐骨后部宽大。骨盆轴向后向下倾斜，近乎直线，胎儿比较容易通过。

3. 产程　母猪从分娩产出第一头仔猪落地到胎衣全部排出的整个产仔过程，称为产程。一般母猪正常的产程时间为2～3 h。

（1）产程过长综合征　将母猪分娩无力，产仔时间超过3 h等现象称为母猪产程过长综合征。对母猪和仔猪都需要加强护理。合理的接生，能有效缩短母猪产程，提高初生仔猪成活率。

产程过长对母猪危害很大，导致极度疲劳、剧烈疼痛和代谢紊乱。主要表现为：产后精神状态差，产后子宫、产道损伤，表现子宫、产道出血和阴户水肿等，持续性努责还可以导致阴道和子宫脱出，严重的子宫破裂；产后高热不退，食欲难以恢复，恶露不尽和产后感染等，极大延长了子宫复原的时间。

母猪产程过长，胎儿在子宫和产道内受到的挤压时间就越长。而长时间的宫缩和努责就会造成胎儿的持续性缺氧，引发胎儿宫内窘迫、窒息，弱仔和假死明显增多，严重的在分娩过程中即发生死亡，憋死造成的死胎增高。

（2）导致母猪产程过长综合征的原因

营养因素：饲料营养不平衡，导致母猪分娩时候子宫肌肉组织收缩无力。有的妊娠母猪喂得太多或补料过早，胎儿生长发育过大。

管理因素：妊娠母猪缺少运动，长期在限位栏饲养的环境中，严重缺乏运动。因此建议母猪妊娠70 d后可改为大栏（大圈）饲养，增加母猪的活动空间，对缩短母猪产程有帮助。

胎次原因：初产母猪的子宫及腹部肌肉的间歇性收缩力较小，骨盆腔口和阴道较狭窄，而经产母猪的产程最短的仅用1 h左右。8胎以上的高胎次母猪产程往往拖延时间长。

品种因素：从国外引进的大约克夏猪、杜洛克猪、长白猪、汉普夏猪等几个瘦肉型品种母猪和国内新培育的母猪，均较当地母猪产程长1～2 h。

死胎因素：妊娠中期或后期，胎儿死在母猪的腹中，产程变长。

其他因素：母猪产仔时产房内若有生人或有其他应激，会造成产程延长。

四、接产步骤与注意事项

因母猪多在夜间分娩，所以应建立产房值班制度。母猪正常分娩时，一般不需要人为帮助。接产人员的主要任务是监视分娩情况，发现异常及时处理，并护理好新生仔猪。为了防止难产，当胎儿前置部分进入产道时，可将手臂消毒后伸入产道内，检查胎儿的方向、位置和姿势是否正常。如果胎儿正常，正生时可以自然产出；如有异常，应进行矫正处理。此外，还应检查母猪骨盆有无变形，阴门、阴道及子宫颈的松软程度，以判断有无产道异常而发生难产的可能。

1. 接产步骤　见表 8-3。

表 8-3　接产步骤

序号	内容	要点
1	检查项目	检查胎向、胎位、胎势及产道开张情况，如正常可不干预
2	助产的判断	正常分娩过程持续 3~5 h。通常仔猪分娩间隔为 20 min 左右，前 4 头仔猪间隔最长不超过 2 h，4 头之后仔猪间隔不能超过 1 h。超过时间的，需要人工助产来缩短产程。检查胎儿和产道、撕破胎膜、清理口鼻、拉出胎儿、擦干胎儿、断脐带
3	胎膜和胎水处理	当胎儿头部露出，胎膜未破时应及时撕破，清理口鼻黏液，用消毒毛巾擦净胎儿口鼻内黏液
4	仔猪干燥	仔猪娩出后，倒提后腿，用消毒毛巾或者仔猪用干粉剂，迅速干燥全身，防止潮湿的身体带走仔猪大量热量
5	断脐带	将脐带内血液向仔猪体内捋回，留 4~5 cm 脐带，然后剪断并用碘酒消毒处理。环境条件允许也可以不再处理脐带，让其自然干燥脱落

2. 注意事项

（1）当胎儿头部已露出阴门外，胎膜尚未破裂时，应及时撕破使胎儿鼻端露出，并擦净胎儿口鼻内的黏液，防止胎儿窒息。但不要过早撕破，以免羊水过早流失。

如羊水已流出，而胎儿尚未产出，母猪阵缩和努责又减弱时，可拉住胎儿两前肢及头部，随着母畜的努责动作，沿骨盆轴方向拉出胎儿，倒生时更应迅速拉出胎儿，以免胎儿窒息。

（2）母猪站立分娩时，须接住胎儿。

（3）猪在分娩时，有时两胎儿产出间隔的时间较长。此时虽然努责较弱、胎儿产出较慢，须将手臂及母猪外阴部消毒，及时将胎儿掏出，也可注射催产药物，促使胎儿尽早产出。

（4）假死仔猪处理。不呼吸但心脏和脐带在跳动的仔猪，称为假死猪。接产时清理口鼻黏液发现此情况，应立即拍打其背部，或者反复屈伸其躯干，直至发声与正常呼吸为止。

（5）剪牙与断尾。把仔猪 8 个犬牙的尖锐部分剪平，避免吃奶时伤害母猪乳头。在距离尾根 3 cm 处断尾，之后立即用碘酒消毒伤口，以免发炎。

剪牙操作：剪牙钳要消毒、剪掉牙齿 2/3（以不剪到牙根，断口要平整为准），并口服阿莫西林 0.2 g/头。

断尾操作：用电热钳来剪（预热要充分），离尾根留下 1.8~2 cm 处，长度要一致，并且切口要整齐，用2‰～5‰碘酊消毒，流血严重用高锰酸钾粉止血或用绳结扎，如橡皮筋结扎后会自动脱落。

（6）及时让仔猪吃到初乳。将初生仔猪，放在母猪乳头前，让其尽快吃到初乳。对于弱仔猪可以协助把初乳直接挤到弱仔猪嘴里。初乳是初生仔猪获得免疫球蛋白的唯一来源，也是维持身体热量的营养物质。通过仔猪拱奶和吸吮，还能刺激母猪子宫收缩，促进分娩和恶露的排出。

（7）温湿度需求。产房环境，对生产成绩影响巨大，而且母猪和仔猪对环境的需求不同。良好的环境管理，是保证产房生产成绩的重要前提。分娩当天，产房温度在22℃比较合适。母猪热应激和仔猪冷应激，都会造成严重的后果。产房是母猪和仔猪共同生活的场所，母猪最适温度16～20℃，而初生仔猪需要32～36℃。为了实现各自的最适环境，就得为仔猪做好小环境的保温。吃过初乳后，将仔猪放到保温箱。保温箱温度为32～34℃。

（8）湿度与通风。为保持产房干燥，保持空气质量，调节舍内温度，舍内温度和湿度之和保持在85～90。要注意通风方式，避免让母猪、仔猪暴露于风口。做到大环境通风小环境保温。

五、母猪难产的预防

母猪难产预防要点见表8-4。

表8-4　母猪难产预防的要点

序号	内容	要点
1	饲养方面	（1）保证妊娠母猪的饲料全价优质，营养水平适宜，尤其注重满足与繁殖机能密切相关的维生素和矿物质的需要。 （2）依据猪体型大小、胎次、季节、气温等综合因素灵活调控饲料，维持中等膘情，防止母猪过肥与瘦弱
2	管理方面	（1）保证环境特别是产栏安静、温湿度适宜。 （2）于产前一个月赶入传统猪舍饲喂，任其自由活动。 （3）细心照顾妊娠末期的生产母猪，全程监护分娩。 （4）妊娠母猪必须适量运动，以提高母猪的体力和健康，锻炼子宫肌肉的紧张性
3	后备母猪的选择与利用	（1）后备母猪要求后躯丰圆，尾根高举，外阴发育良好。 （2）应保证在8月龄以上，体重110kg以上第一次配种
4	老龄、体弱母猪的处理	对于老龄、胎次多、体质弱、过于肥胖的母猪必须及时淘汰
5	母猪保健	定期清洗消毒、驱虫

六、分娩控制

分娩控制（control of parturition）也称诱发分娩或引产，是指在母畜妊娠末期的一定时间，采用外源激素处理，控制母畜在预定的时间范围内分娩，产出正常的仔畜。

控制母猪的产仔时间在工人上班的时间内，这样可利于对产仔母猪的护理，提高仔猪的成活率，同时也减少饲养员加班开支，还可利于仔猪的寄养。这样有利于产仔监控和寄养，提高产房的成活率。母猪的产仔时间调控有两种方式。

1. 应用氯前列烯醇来诱发分娩　在母猪临产前，体内多种激素变化复杂，但是PGF2α引起黄体溶解消失和孕酮浓度下降是导致胎儿产出的根本原因。因此前列腺素可用于诱导母猪提早分娩，也可用于母猪的同期分娩。

母猪在夜间产仔，如果没有护理人员，仔猪窒息死亡、被压死等非正常死亡数比白天产仔的母猪明显高。但是连夜接产，人员疲劳影响白天工作。按母猪妊娠期平均114 d准确计算预产期，再根据母猪的乳房变化、阴门肿胀、采食减少等征状，在预产期前1～2 d上午8～10时，给母猪颈部肌内注射氯前列烯醇注射液2～3 mL，可使90%以上的母猪在次日白天分娩。

氯前列烯醇能促进母猪顺利产仔，还能加速胎衣、恶露排出，预防子宫内膜炎，利于子宫复原，缩短母猪断奶至发情配种的天数，提高繁殖能力。注射氯前列烯醇诱导母猪分娩，对母猪和新生仔猪均无任何副作用，且药物成本低。

2. 调整人工授精时间　对发情母猪配种时间安排在发情后的次日上午或下午，为了使母猪在白天产仔，可根据发情母猪排卵与授精适宜时段，将配种时间调整到母猪发情的第2天早上或第3天早上的8～9时，这样可使90%的母猪在白天产仔。

第三节　初生仔猪管护与保育

仔猪出生后与出生前发生剧烈变化，在器官发育不全、免疫功能低下的状况下经受应激挑战：从母体内38～39 ℃恒温羊水环境改为体外温、湿度变化无常；从依靠母体脐带进行物质交换获得全价营养转变为自己吸吮乳汁并过渡到采食饲料；从母体子宫封闭保护转换到病原无处不在的状态下生存，特别是前10 d是个生死关头，因此务必强化精细管理，做好出生前后的各项准备，为它们打造适宜的环境、营养条件和防御屏障。

仔猪生产繁殖管理从妊娠母猪开始持续到仔猪断奶，力争保胎、高产、多活。仔猪管理要点见彩图15。

断脐带时留脐带过长，在脐带未干以前，相互间咬、踩，加之栏舍内卫生条件差等原因均可诱发一系列的问题，也会增加母猪踩压致死的危险。

仔猪生出后，应停留2～10 min再进行断脐，能有效缓解仔猪缺氧状态，仔猪的活力与体质得到很好提高，对其后期生长发育会更好。

为避免初生仔猪因脐带处理不当而造成多种疾病，断脐时左手指捏紧要断脐处（离仔猪腹部5 cm左右，小猪日常活动不能接触到地面），右手握脐带末端朝一个方向扭，慢慢将脐带扭断。或待扭得很紧时，用线结扎牢固后，在扎线外0.5 cm左右处剪断。断脐后要用5%碘酒对断脐处进行消毒。这样就不会流血，也不易感染。

一、早吃初乳，吃足初乳

早吃初乳，吃足初乳是提高仔猪抗病力的有效措施。仔猪摄入初乳必须在出生后 12 h 内完成，最初 6 h 是关键。此时初乳中免疫球蛋白最高，而且初生仔猪的肠道最适合吸收初乳中大分子的免疫球蛋白。之后，仔猪肠道会关闭此大分子的吸收通道。

母猪初乳中免疫球蛋白下降速度非常快，仔猪出生后，尽量让其在第一时间摄入初乳。初乳能提高仔猪免疫力，维持体温。有资料显示，相比摄入 350 g 初乳的仔猪，只摄入 200 g 初乳的仔猪，断奶时体重要轻 20%。摄入初乳的量，是影响仔猪成活率的关键因素之一。

1. 初乳摄入量　养猪生产中的初乳是指母猪在分娩后 24 h 之内分泌的乳汁。主要作用于仔猪的营养、体温调节、免疫力和生长。初乳的分泌量和组成（质量）随母猪自身的情况而不同，如内分泌、营养和免疫状态、应激水平和热应激（Quesnel and Farmer，2019）。

每头仔猪的初乳平均需求量在 250 g 左右。这个摄入量会降低死亡风险，有助于仔猪增重，并给仔猪提供了被动免疫（Ferrari，2013）。Ferrari 等人（2014）证明初乳摄入量与初生重（$P < 0.000\,1$）和血清 IgG 浓度（$P < 0.000\,1$）呈正相关关系。初生重和初乳摄入量之间的相互作用影响了死亡率，出生重为 1.3～1.7 kg 的仔猪，不论初乳摄入量如何，其死亡率都很低。

2. 初乳来源　初生仔猪最好摄入亲生母亲的初乳，若其母亲初乳量不够，也可以饲喂同产房其他母猪的初乳，或者及时寄养给其他母猪，保证其初乳摄入量。

但一般不饲喂其他栋舍产房母猪的初乳，也不能寄养给其他栋舍的母猪，避免因此带来的生物安全风险。

3. 早吃初乳　仔猪出生时，肠道上皮具有吸收大分子免疫球蛋白的机能，6 h 后开始下降，12 h 后几乎失去此项功能。所以一定要早。

二、固定乳头

保证每头仔猪及时吃到母乳，保证仔猪均衡生长，等全窝仔猪出生后，尽快训练其固定乳头。

先让仔猪自行选择乳头，再按体重大小强弱适当调整，使弱小仔猪吃中、前部乳头，强壮仔猪吃后部乳头。人工固定位置 2～3 d，便可固定仔猪吃乳位置。

防止仔猪压死踏伤。母猪起卧时容易踩伤或压伤仔猪，特别是仔猪出生 1～3 d 更易发生。应设保护栏或保育间。

三、弱仔特殊护理

对于产仔数较多，有效乳头数不足的母猪，应考虑人为帮助弱仔摄入足够的初乳。

1. 分批哺乳　把摄入过初乳的、相对较强壮的仔猪暂时隔离开，先让弱小的仔猪摄入足够的初乳，30～45 min 后放出强壮的部分，保证弱仔每次都能摄入初乳。如果全部放开，弱仔不能抢到奶水多的乳头，总摄入初乳量不足，会影响其成活率。也有研究报道，按照强弱或出生先后，分成两批轮流哺乳，对仔猪的成活率和生长性能没有显著差异。

2. 人工哺育　在母猪分娩过程中或者分娩后哺乳时，挤出乳头中的初乳并收集到清洁的杯子中，用吸管或一次性注射器饲喂弱仔。如果不立即饲喂，冷冻可以保存 3 d 时间，饲喂前一定要将初乳恢复到 30 ℃，避免刺激仔猪肠道；但是解冻过程不能让初乳超过 35 ℃，以免破坏免疫球蛋白。

四、保育箱的使用

环境因素对仔猪生长影响大，有适宜的环境条件，猪遗传和营养优势才能充分发挥。冬春季节温度、湿度等环境因素变化大，由于仔猪发育不完善，新生仔猪组织器官和机能尚未发育完全，皮下脂肪薄、被毛稀少、抗寒能力弱，环境适应能力较差，环境依赖度比成年猪大，对环境要求也高。重点是提高猪舍的温度。猪舍要堵塞风洞，勤换垫草，保持干燥，最好在产圈内一角修建保温室，顶端悬吊 150～250 W 红外线保温灯，灯泡距床面40～50 cm，随着仔猪长大，加高灯泡距床面的距离。猪只大多数时间趴窝在圈舍地面，地面传导散热造成的热量损失很大，寒冷气候增加垫草，可以大大降低猪只的热量损失。20～30 cm 厚垫草保温效果相当于舍内温度提高 5～8 ℃。要保持垫草干燥，垫草潮湿及时更换。对于湿度不大的地区，可用稻草、麦秸等做垫草。南方地区的猪舍一般没有固定的采暖设施，在寒冷来袭时需要临时搭建。也可采用白炽灯取暖，在温度较低时，配合垫草、加盖二层棚等办法，在二层棚下用白炽灯为哺乳仔猪和保育猪供暖。

五、仔猪饲料

1. 教槽料　教槽料是仔猪代乳料，是一种为代替全乳而配制的饲料，其主要原料常是乳业副产品。代乳料的营养指标为蛋白质不低于 20％，脂肪不低于 6％。

仔猪出生后，其生存环境由恒温过渡到变温、由无菌过渡到有菌，营养物质由血液供给变为胃肠道消化供给，而仔猪的胃肠道功能尚未健全，母乳是最理想的营养来源。

教槽料是让乳猪逐步适应植物性饲料，可以促进胃肠道菌群和酶系统的发育，为后期的生长做准备，可以帮助仔猪喝到充足的人工乳，保障仔猪生长，维持肠道健康，同时能够提高母猪的利用率。

仔猪不能及时吃到母乳，影响成活率，原因很多：有的母猪产仔后恐惧不安，拒绝仔猪吮乳；有的母猪一次产仔较多而乳头较少，导致有的仔猪吃不上母乳；也有的母猪妊娠期时候饲料能量不足，导致营养不良、乳腺发育不好，因而哺乳期奶水质量差甚至无乳；有的母猪的泌乳量逐渐跟不上仔猪的吮吸需求。

在实际生产中，每窝仔猪总会存在 1～2 只弱仔，体格的差距使得弱仔不容易吃到奶，因此会导致体重差距越来越悬殊，以往场里会把弱仔淘汰，减少成本，而如今猪场保证高PSY，采用技术手段一样能保证弱仔生长发育不掉队。使用代乳粉可以弥补因母乳摄取不足导致的营养缺陷问题，促进仔猪生长，提高整齐度。

仔猪的消化系统和免疫系统发育不够完善，断奶应激、换料应激均会造成仔猪腹泻，死亡率增加。教槽料能够帮助仔猪平安断奶，缓解断奶应激。补料操作：5～7 日龄仔猪开始补料，把料投在保温板和料槽上，饲料要保持新鲜及清洁，少喂勤添，每天要更换 4 次。撒料粉操作：把乳猪料磨成粉，当母猪放奶且仔猪在吃奶时，在母猪乳头上撒上粉料，3~4 次/d，7 日龄开始，连续 7~10 d，对仔猪断奶后提高采食量有很大的作用。

随着仔猪快速生长，母乳不能满足其营养需求，应补充营养来源。及时教槽，可以为仔猪生长提供部分营养，同时锻炼仔猪肠道，以适应植物性日粮，为断奶日粮过渡做好准备。

2. 颗粒料补饲 用于教槽的饲料，往往含有比较高浓度的单糖和双糖，很容易被细菌污染。每次饲喂前，应清洗料盘。早期可以在仔猪出生 2~7 日龄开始教槽补饲。

利用仔猪的模仿行为，诱导采食。仔猪料盘放在母猪头侧干燥处，每次给母猪饲喂的同时，给仔猪投喂饲料。

第 1 天每次在开食盘中投喂 10~20 粒饲料。随后根据采食情况，逐步调整投喂量。

3. 液体料补饲 液体奶仿照母乳的营养设计，能帮助仔猪获得更多养分，提高仔猪存活率和生长速度。应确保及时清洗饲喂器，不清洁的饲喂器会污染细菌，导致仔猪腹泻。

六、早期断奶

断奶也称离乳，仔猪早期断乳指的是仔猪 2~6 周龄断奶，2 周龄以内断乳被称为超早期断乳，目前多数猪场采用的是 3~4 周龄断奶（21~28 d）。

仔猪早期断奶的先决条件是乳猪料要过关，做到营养搭配合理、质量过硬。在计划断奶前 5 d，母猪就要逐步减料，以减少乳汁分泌，迫使仔猪吃料，减少仔猪应激。断奶后转至保育舍环境温度必须保持在 24 ℃以上。在饲喂仔猪时，不可加料太多，每次只让仔猪吃八九成饱。每天最好饲喂 5~6 次，间隔时间以 3~4 h 为宜。

1. 仔猪早期断奶的目的

（1）提高母猪繁殖力 全饲养场母猪年平均产仔窝数常常用来衡量繁殖力大小。母猪个体年产仔窝数与母猪繁殖周期关系密切：

母猪繁殖周期＝母猪妊娠天数＋仔猪哺乳天数＋断乳至配种天数＋配种到妊娠平均天数

其中，母猪妊娠天数平均为 114 d，仔猪哺乳天数、断乳至配种天数、配种到妊娠平均天数是可以通过饲养管理技术来缩短的。母猪哺乳期短，体况良好且减重少，仔猪断奶后母猪发情就及时（一般为 3~10 d，大多 5~7 d），各环节衔接紧密，就缩短了母猪繁殖周期，母猪年产仔猪窝数就得以提高。

过去传统饲养管理方法是 60 日龄断奶，年产窝数不足 2 窝；目前高水平养猪场采用 21 日龄断奶，年产 2.4 窝。当然母猪泌乳期也不是越短越好，因为母猪生产后，其子宫还要有恢复期，以便为下次妊娠做生理和营养上的准备，仔猪哺乳过程可以刺激子宫尽快恢复。

（2）提高饲料利用率 母猪通过采食饲料转化成乳汁，再用乳汁哺育小猪，饲料的利用率低，如果小猪直接采食饲料，仔猪的饲料利用率可明显提高。母猪分娩后 3 周泌乳量和营养成分达到最高峰，以后逐渐下降，此时仔猪的生长发育非常快，母猪乳汁已不能满足生长发育的需要。断奶后使用全价乳猪料，有利于促进仔猪的生长发育，减少弱僵猪比例，保证了仔猪生长速度和均匀度。

（3）提高分娩舍和设备利用率　早期断奶可减轻母猪负担，促其早日进入下一轮繁殖周期，提高栏舍的周转率。因为母猪哺乳期短，分娩栏舍周转快，利用率提高，同时，因分娩栏舍、设备和生产运行（电力）成本、人工管理成本等费用，在养猪生产全过程中所占比例最大，为提高其利用率，可降低每头猪分摊成本。

2. 防止仔猪早期断奶应激综合征　仔猪在断奶时暴露于各种新环境，又经历混群、转舍。这些因素的累加效应对猪生长性能极为不利。有研究发现 21 日龄断奶的仔猪相较于 43 日龄的仔猪，其精神萎靡，在断奶后采食下降，使得增重速度放缓甚至掉膘，易出现腹泻等症状。

仔猪主要从母乳中获取免疫抗体以增强哺乳阶段的抵抗力，其自身免疫器官在 35 日龄前发育不充分，免疫力却没能完全建立起来。在采食方面，断奶仔猪的乳脂被谷物淀粉所替代，难消化的纤维、消化率低的植物蛋白取代了能够被完全消化吸收的酪蛋白，随饲料摄入其他细菌和真菌等饮食的改变，改变了仔猪的肠道微生物组成和代谢形态，使仔猪极易发生腹泻、链球菌病等疾病，导致生长曲线断停，甚至死亡率升高。

七、寄养与去势

1. 寄养操作　实行"寄大不寄小，寄早不寄晚"的寄养原则，仔猪吃初乳 36～48 h 后进行寄养（寄养时在母猪的鼻口或寄养仔猪的身上涂些碘酒或酒精，使母猪无法区别寄养仔猪，减小寄养仔猪被母猪咬伤或压死的情况），一般情况下每头母猪带仔不超过 12 头，每周应适当进行调整 2～3 次，保证仔猪均衡度及母猪乳头的合理利用，选择奶水好或初产母猪带弱小仔猪（弱小仔猪平时要加强营养护理，如教槽料等）。

2. 去势操作　3～5 日龄小公猪去势，切口不宜太大，也不要用力过大拉睾丸（否则易造成阴囊疝），术后用鱼石脂及 5％碘酊进行消毒，手术刀片也要消毒，在仔猪去势时要对整栏仔猪的脐部及损伤的关节进行加强消毒（2％～5％碘酊），减小脐疝的比例，对关节损伤的仔猪要进行消毒。

八、提高断奶仔猪成活率的方法

仔猪到离开母乳时候，注重以下五方面可以提高断奶后成活率。

1. 仔猪补饲　仔猪补饲（creep feed）通常在仔猪出生 4 d 开始，诱食刺激了仔猪的采食行为、采食量，并可以促进了仔猪在断奶期的生长。另外饲料多样性的积极影响，会改善仔猪断奶前后的表现。

2. 保持环境稳定，减少断奶应激　仔猪断奶 24 h 内很不安定，经常嘶叫寻找母猪，特别在夜间更甚。为稳定仔猪的不安定情绪，减轻应激损失，最好采取不调离原圈、不混群并窝的"原圈培育法"。仔猪到断奶日龄时，把母猪调回空怀母猪舍，仔猪仍留在产房饲养一段时间，待仔猪适应后再转入培育舍。由于是原来的环境与原来的同窝仔猪，能减少断奶刺激。需充分考虑产房空间与产栏数量。

仔猪对低温的适应能力差，仔猪在刚断奶时适宜的温度为 22 ℃，断奶最初几天温度需保持在 28℃左右，通过观察仔猪聚集行为判断对温度的适应情况，如果仔猪堆叠，说明舍温低；如果仔猪散睡在地板上，说明舍温过高。断奶仔猪舍适宜的相对湿度为 65%～75%。

网床饲养断奶仔猪可以使仔猪离开地面，减少了冬季地面传导散热损失，同时把粪尿、污水隔离开来减少了污染，对预防疾病起到了一定作用。要通过对栏舍内粪尿等有机物的及时清除处理，减少氨气、硫化氢等有害气体的产生，通过加强通风换气，排除舍内污浊的空气，保持空气清新。

3. 母猪有效乳头数量选择 母猪有效乳头数量（sow functional teat number）是更新后备母猪时重要的质量评估指标。通常，会对进入繁殖群的后备母猪提出最低乳头数的要求，母猪有效性乳头数对仔猪初乳摄入量和窝断奶数十分重要。

4. 仔猪保健

（1）给仔猪充足、清洁的、适温的饮水，以提高采食量 30～35℃的饮水对仔猪肠道健康非常有帮助。适当饲喂益生菌类保健饲料添加剂，或者益生菌饮水。

（2）空栏消毒 仔猪转出后，先用清水将栏面上的猪粪打湿喷上 2%火碱冲干净，再用 2%火碱喷洒，浸泡 1 h，用清水冲干净空栏，待栏舍干后用消毒水（百毒杀等）消毒及驱虫，然后进行熏蒸消毒。对皮肤病或仔猪腹泻比较严重的单元在进猪前要进行火焰消毒。必须在规定的时间冲完栏，冲栏时间定为 1.5 d（冲栏时间包含转栏的当天）。

经常观察仔猪活动，采食情况、粪便状况，及时打扫，确保圈舍空气清新，环境整洁。冬春季节，在保证室内温度的前提下，白天可打开窗户或运动场，给仔猪或猪舍内增加光照，提高温度，增强仔猪抵抗力，提高成活率。

5. 做好仔猪调教管理 当仔猪转入保育舍，精心调教非常重要。转栏 1 周内要反复调教。

仔猪保育栏一般为长方形，在中间走道一端设自动食槽，另一端安装自动饮水器，靠近食槽一端为卧睡区，另一侧为排泄区。新断奶转群过来的仔猪，吃食、卧位、饮水、排泄区未固化，排泄区的粪便暂不清扫，诱导仔猪来排泄，其他区的粪便及时清除干净，使其形成理想的卧睡及排泄区，建立定点睡卧和定点排泄的条件反射。

6. 做好仔猪玩具设施 断奶仔猪经常出现咬尾、吮吸耳朵的现象，主要是因刚断奶的仔猪企图继续吮乳造成的，也有因为饲料营养不全、饲养密度过大、通风不良等引起的。防止的方法是在改善饲养管理条件的同时，为仔猪设立玩具，分散其注意力。玩具分放在圈内的球与悬挂在空中的铁环链两种。铁环链悬挂高度以仔猪仰头可咬到为宜。这样不仅可预防仔猪咬尾等恶癖，也满足了仔猪好动玩耍的习性，注重了动物福利。

九、种猪编号

种猪编号是指在猪耳上打耳号或刺墨或植入芯片电子标记。仔猪一出生就要编号。

1. 打耳号 见图 8-1。

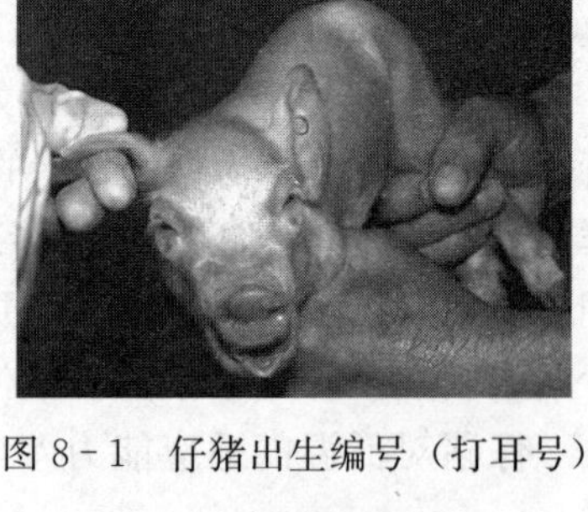

常见耳号编号模式及案例见图 8-2。

图 8-1 仔猪出生编号（打耳号）

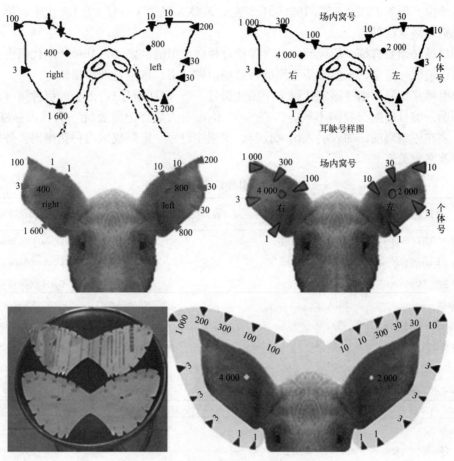

图8-2 猪常见耳号编号模板和规则

2. 电子耳号 见图8-3。

图8-3 电子耳号

3. 种猪登记 是指在省市级在遗传评估网站注册，取得用户名、密码后，对种猪数据和测定信息进行定期上报、备案管理。

编号共 15 位，其中品种 2 位、场代码 4 位、分场 1 位、年度 2 位、窝序号 4 位、仔猪序号 2 位。例如，DDXXXX 199000101 表示 XXXX 场第 1 分场 1999 年出生的第 1 窝中的第 1 头杜洛克纯种猪。

种猪场必须要有统一的代码。已参加猪育种协作组的种猪场，其种猪场代码由全国猪育种协作组统一指定，未参加协作组的种猪场由省（市）市主管部门指定。

外引种猪编号原则（国家代码＋中国注册号＋/－原注册号）：由于外引种猪（包括精液或胚胎）编号制度与我国不同，多在 6～9 位，引入后登记需要统一为我国标准编号。为此，多在原编码前，加入引入国家代码、中国注册号，即形成国内种猪编码。外引种猪编号修改案例见表 8-5。

表 8-5　外引种猪编号修改案例

种猪来源	代码	品种	原注册号位数	原注册号	中国注册号
美国（United States）	USA	长白猪	8	87563005	USA000087563005
美国（United States）	USA	大白猪	9	445491010	USA000445491010
加拿大（Canada）	CAN		7	1917136	CAN000001917136
法国（France）	FRA		16	FR22RK920090D197	FRA22RK9090D197
英国（Great Britain）	ENG		9	R005487LW	ENG000R005487LW
丹麦（Denmark）	DEN		9	914－6215－08	DNA000914621508
Genus-PIC	PIC		8	57143288	PIC000057143288
海波尔（Hypor）	HYP		7	4697663	HYP000004697663

>>> 第九章　母猪繁殖管理

第一节　母猪性行为与激素调控

性行为包括发情、求偶和交配。母猪在发情期，可以见到特异的求偶表现：卧立不安，食欲忽高忽低，发出特有的音调柔和而有节律的哼哼声，爬跨其他母猪或等待其他母猪爬跨，频频排尿，尤其是公猪在场时排尿更为频繁。

母猪发情中期性欲强烈，当公猪接近时，调其臀部靠近公猪，闻公猪的头、肛门和阴茎包皮，紧贴公猪不走，甚至爬跨公猪，最后站立不动，接受公猪爬跨。

在人工授精时，管理人员根据母猪发情表现，如压背反射、摆尾迎合等确情输精。

所有性行为的表现都是激素调控。与繁殖及性行为控制有关的许多激素是在大脑中的下丘脑和垂体前、后叶中产生的。下丘脑是嗅觉、听觉和视觉的协调中心，并且分泌促性腺激素释放激素（GnRH），该激素调节垂体前叶中分泌的促黄体素（LH）和促卵泡素（FSH）。促肾上腺素释放因子（CRF）也是在下丘脑中产生的，它可控制肾上腺皮质激素的分泌。在一些应激状况下，促肾上腺素释放因子的分泌量增加，可能会抑制繁殖力的发挥，如影响公猪的精子产生。垂体后叶分泌催产素，能刺激平滑肌的收缩，控制公猪的射精、母猪配种时的静立反射和分娩时的子宫收缩。

当母猪发情异常或不能适合生产需要时，使用外源性激素或人为制造有利于发情的应激因素，对母猪进行调控，促使其按照生产者要求有计划地实行繁殖、周转，提高生产力。

第二节　发情控制

发情控制主要包括诱发发情、同期发情和超数排卵等。

一、诱发发情

诱发发情是指借助外源激素或生理活性物质及环境条件的刺激，通过内分泌和神经作用激发卵巢机能，使母猪卵巢从相对静止状态转为活动状态，促使卵泡发育、正常发情并进行配种，从而缩短繁殖周期，提高繁殖率。

诱发发情对象：达到性成熟和体成熟年龄但未发情的青年母猪、断奶后长期不发情母猪，以及安静发情的母猪，它们严重制约个体及群体繁殖机能和生产力水平的发挥。

研究表明，在管理水平中等的种猪场，大约有 5% 的青年母猪在达到性、体成熟年龄时但未发情或静发情，可补充适量维生素 E、维生素 A，或一次性肌内注射 700～1 000 IU 孕马血清（促卵巢、卵泡发育，促排）、200～300 μg 前列烯醇（溶解黄体），仍不发情者可在处理后 10 d 注射前列腺素（调节生殖功能）。

对母猪断奶后超过 2 周不发情即可认为长期不发情，同时或分别肌内注射孕马血清、前列烯醇、前列腺素。

为缩短哺乳母猪的断奶到发情时间，用孕马血清和人绒毛膜促性腺激素可获得及早发情的理想效果。

对提前繁殖的青年母猪或乏情母猪，以公猪引诱、补给性激素，促其发情、排卵的技术，为诱发发情。采用这项技术能缩短母猪的繁殖周期，增加胎次，增加后代数量。尤其是后备母猪发情，用成熟公猪的接触来刺激，可使发情日龄提前。

有研究表明（Quirke 等，1979；Verley 等，1989），运用生殖激素可以提高母猪繁殖力。用 PG - 600（含有效成分 PMSG 400 IU 和 hCG 200 IU），提早青年母猪的发情配种。美国密歇根州立大学的研究发现，初情期前的母猪用 PMSG 激素处理与 PMSG＋hCG 处理，发情率分别为 15.5%、73.3%（Manjarin 等，2009）。也有发现不同比例的 PMSG＋hCG 激素配合会增加产仔率（Breen 等，2006）。初产母猪断奶后使用 PMSG＋hCG 激素配合处理，可以缩短发情间隔，增加第二胎产仔数。

初产母猪断奶后的乏情率高于经产母猪，夏季、早秋断奶的高于其他季节。Kerak 等（1990）采用 PGF_{2a} 和 PG - 600 诱导 116 头 8～10 月龄未发情的青年母猪发情，其发情率、产仔率和窝产仔数分别可达到 67.2%、65.4% 和 10.4 头。断奶后注射 PMSG 或配合使用 hCG，可促进产后发情。Britt 等（1984）给夏末和早秋断奶的初产母猪注射 PMSG 1 200 IU 能够缩短间情期、提高其受胎率。而对断奶后 20 d 以上不发情的初产母猪，按 100 kg 体重肌内注射 PMSG 1 000 IU，同时肌内注射雌激素 2～4 mg/头，处理后诱发发情总有效率达 81.48%，75% 在用药后 5 d 内发情配种，第一情期受胎率 79.55%，比自然发情母猪窝产仔数（9.73 头与 9.03 头）提高 0.7 头。

在提高青年母猪的初产窝产仔数方面，有文献报道采用 400 IU hCG 和 2 mg 雌激素诱导乏情青年母猪发情，配种后平均每头母猪较自然发情组多产仔猪约 1 头。Kerak 等（1992）给青年母猪投喂孕酮类药物 18 d，能够提早发情并平均多产仔猪 1 头。

提高初产母猪繁殖性能方面，在常规饲养管理下的初产母猪，断奶后当天注射 PMSG 1 200 IU，可有效缩短断奶至发情时间，并增加第二胎产仔数，且 PMSG 对受胎率无不良影响，第二胎窝平均产仔数（10.79 头/9.20 头）和窝平均产活仔数（8.9 头/8.52 头）均显著增加。

据报道，初产母猪的胚胎死亡和流产率约为 40%，而且发生在妊娠第一个月内占总数的 70% 左右。因此，如何防止早期胚胎死亡和流产是提高窝产仔数的关键。目前国外有一种长效孕酮制剂（P_4），通过微囊包埋和缓释剂，处理后可以维持 1 个月高水平的 P_4，减少胚胎的早期死亡和流产。此外，也有使用猪用孕酮阴道栓的。在猪发情或配种时可使用 GnRH 或合成类似物（LH - RH）提高受胎率。

（一）公猪效应

具体方法如下：

（1）形体诱导法　在配种舍内，将母猪栏与公猪栏相对排列或相邻排列，或将母猪赶入公猪栏内，有意识地让公猪追逐、爬跨母猪，可有效促进不发情的成年母猪较快发情。也可用包皮口被罩住的试情公猪追逐、爬跨已发情的母猪，如果母猪没有反抗而是老实接受，可确定其正处于人工授精的最佳时机。

（2）精液诱导法　取健康公猪精液1～2 mL，用3～4倍凉开水稀释，少量注入母猪鼻孔；或用喷雾器向母猪鼻孔喷雾，一般4～6 h即可发情，12 h即达发情高潮。

（3）录音诱导法　将公猪发情时发出的求偶声录制下来，向不发情的母猪群播放，一日数次，连播数日，可促进母猪较快发情。

（4）阴阳颠倒法　在不发情的成年母猪群中，放入一头正在发情、寻求交配的母猪。此母猪由于求偶的冲动，会忘乎所以，以一头公猪的姿态追逐、爬跨母猪，作公猪交配动作。母猪在受到假公猪的诱导刺激后，可陆续进入发情状态。

（5）外激素诱导法　成年公猪的包皮腺、颌下腺的分泌物及尿液中，都含有公猪的外激素。用纱布蘸取这些分泌物或尿液，放在母猪圈舍四角，让其嗅闻，可促进发情。如母猪对蘸有这些分泌物的纱布表示亲昵，并频繁出现排尿、排粪，证明该母猪已处于交配的最佳时机。若公猪气味不足可向母猪喷洒公猪气味香水或涂抹公猪气味棒（图9-1）。

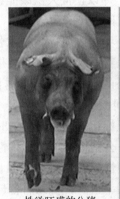

性欲旺盛的公猪

图9-1　公猪气味香水和公猪气味棒

（二）公猪诱情

初情期前有计划地利用公猪进行诱情，不仅可使后备母猪初情期提前，且有助于后备母猪首次发情同步，便于实行催情补饲，减少后备母猪由于害怕公猪而出现非正常静立反应的发生率等。为保证公猪诱情实现预期效果，需要认真实行有关技术措施。

母猪诱情适宜日龄：后备母猪首次与公猪接触的日龄关系到母猪对公猪刺激的反应程度及初次发情的同期性。根据品种间性发育、性成熟存在的差异，一般在预计初情期前2～3周获得更理想的效果。具体实施中，地方品种比外引瘦肉猪早，培育品种居于两者之间。

诱情公猪的选择：结扎公猪进行诱情或成熟公猪诱情。每天将单独饲喂公猪赶到母猪栏内诱情，进行可靠的刺激，促使后备母猪早期发情。在诱情过程中，公猪要经常替换，避免习惯性，以保持兴趣。

接触方式：每天把单独饲喂的诱情公猪赶入后备母猪栏中进行充分的身体接触，进行有效的刺激。也可把后备母猪赶到公猪舍，其效果优于将公猪赶到母猪舍的效果，但接触时必须有人在场看管，以防止公猪偷配和造成公、母猪损伤，接触前后也不要让公猪在过道随意走动。对经产母猪，让公猪在母猪栏外转一圈或隔栏嘴对嘴接触交流即可。

接触次数和时间：每日 1～3 次，每次 10～20 min。为使最大限度地发挥公猪催情效果，应使公猪与后备母猪每天间隔 8 h 同栏充分接触 2 次（上、下午各 1 次）最佳，但对 130 日龄就开始与公猪接触的后备母猪来讲，每天 2 次与公猪接触和 1 次与公猪接触相比诱情的效果差异不明显。诱情最好在公、母猪采食后 0.5～1 h 后进行。每次接触时间以 10～20 min 为宜。如果时间过长，不仅对母猪易造成伤害，也不利于促进发情。在夏天往往由于高温而使母猪不易发情或同栏后备母猪数较多时，可适当延长接触时间。诱情应连续接触 20 d 以上或直至初情期出现为止。

公猪诱情还要注意满足空间、光照等条件。

空间：后备母猪应群养，每栏以饲养 5～10 头，每头占栏面积应大于 2 m² 为宜。以保证有足够的运动空间，才能有利于公、母猪间适当地追赶、爬跨等，使公猪与每头母猪都能充分接触。要确保母猪栏内地板不能太滑和潮湿，食槽和饮水器的位置适当，避免对公猪或后备母猪造成损伤。

光照：诱情开始时光照时间要增加到每天 14 h，可在猪舍安装白炽灯补充光照，光照强度 4～6 W/m²，即以正常人裸眼能在猪舍内看清报纸上的字为宜。需要特别注意的是，如果只增加光照时间而没有公猪诱情，反而会使后备母猪延迟发情或不发情。

公猪诱情是一项细致烦琐、技术性强的工作，应选派责任心强的人员负责，规范操作、认真观察、完善记录。发情记录是有关后备母猪繁殖情况的第一项基础记录，对制定配种计划具有重要的参考价值。从诱情开始，对后备母猪耳号、胎次、舍号、栏号，第 1～3 次发情的时间、外阴部变化和压背反应等基础信息，做好记录，最好再在发情母猪身上用记号笔做上标记。记录的初情时间应以发情稳定的日期为准。

有实验报道，公猪诱情可使母猪性成熟提早 30～40 d。进入生理成熟的青年母猪，突然引入公猪，可使性成熟提前，20 日龄至 7 月龄的后备母猪群饲比单独饲养的后备母猪性成熟提前，受胎率也高，所以后备母猪适宜群饲，定时接触公猪，接触时间应该在 165 日龄，应在配种前 3 周；所选用的公猪应是性欲旺盛的成年公猪，采用直接接触的方式，最好能每日 3 次，每次 5～15 min；为获得最大反应，可以延长接触时间，特别是猪群数量较大时，但是不宜超过 30～40 min。也可以人工模拟公猪刺激母猪发情，或人工与公猪协同诱情。如人工按摩母猪的背、腹、臀、腹股沟等部位，刺激母猪发情（彩图 16）。

人工授精前与公猪接触，可提高受胎率和产仔数。

（三）激素诱发

如对乏情母猪每天皮下注射 5 mL 孕马血清促性腺激素，一般注射后 4～5 d 即可发情。发情率达 89.4%。

初产母猪的受胎率和产仔数均不及经产母猪，经产母猪产后也经常出现乏情厌食现象，为了充分挖掘初产母猪的生产潜力，促使断乳母猪尽快发情，生产上采用对后备母猪和断乳母猪进行激素催情或超数排卵，具有一定效果。

后备母猪达到适宜配种年龄以后，肌内注射孕马血清促性腺激素（PMSG）750～1 200 IU，72 h 后再注射人绒毛膜促性腺激素 500～1 000 IU，一般 40 h 左右就可以发情并增加排卵数，如果增加一针前列腺素（PGF2α），可进一步改善激素处理的效果，对于产后压情的猪也有一定效果。

二、同期发情

同期发情是利用雌性激素制剂，人为地使母猪在预定的时间内集中发情，这种方法有利于集中组织生产，减少不孕和提高繁殖率。据报道，对哺乳5～7周龄的长白猪断乳，当天给母猪肌内注射1 200～2 000 IU孕马血清，注射后3～5 d内发情率达90.8%。

超数排卵和同期（同步）发情在胚胎移植过程中均为必要的关键技术，在胚胎移植期间，在对供体注射相应激素实施超数排卵的同时，须对受体施行同期（同步）发情。超排和同期发情常用激素见表9-1。

表9-1　超排和同期发情常用激素作用、用法与用量

激素	符号	作用、用法与用量
孕马血清	PMSG	具FSH和LH作用，促进卵泡成熟、排卵和黄体生成，用于催情、促排。一般1次200～800 IU/瓶稀释皮下注射，4～5 d后发情
绒促性素	HCG	与LH相似，促进卵泡成熟、排卵、黄体形成等
黄体酮	PGT	抑制发情和排卵，用于同期发情。方法用量参照使用说明
促排卵素	A3	促进垂体释放LH和FSH，促进排卵。方法用量参照使用说明
促黄体素	LH	与HCG及PG-CI等协同，治疗持续发情、久配不孕、慕雄狂母猪
氯前列醇	PG-CI	溶解黄体、促进卵泡发育、促进发情，促进子宫收缩诱导分娩

三、定时输精

定时输精技术是根据母畜繁殖生理的调控规律，利用外源生殖激素处理，使其在指定的时间内发情、排卵和配种的一项繁殖新技术。

母猪的发情、排卵都是由其体内的生殖激素来调控。母猪是泌乳抑制发情的动物，在哺乳期间，高浓度的催乳素（PRL）抑制了发情排卵。母猪断奶是一个同期发情起动因素，断奶后由于没有了哺乳刺激，PRL浓度迅速下降，同时刺激下丘脑开始有节律地释放促性腺激素释放激素（GnRH），促进垂体前叶释放黄体生成素（LH）和促卵泡素（FSH），进而促进雌激素的生成，使母猪表现发情症状，同时促进卵泡发育、成熟排卵和黄体形成。

繁殖机能正常的猪群，母猪断奶后1周内发情的比率达90%以上。但实际上，由于母猪管理等诸多因素，母猪断奶后1周之内发情的比率不足80%，夏季高温热应激时甚至低于60%。因此，定时输精技术在猪上也显得尤为重要。母猪定时输精技术是利用外源激素人为调控母猪性周期，使之在预定的时间内集中发情、排卵和配种。其过程包括性周期同步化、卵泡发育同步化、排卵同步化和配种同步化。

第三节　生产管理

一、母猪产后期管理

1. 产后期恢复　产后期是指胎盘排出至母畜生殖器官恢复正常的阶段。此阶段是子宫内膜再生、子宫复原和重新开始发情的关键时期。主要包括子宫内膜再生、子宫复原、发情周期恢复。

分娩后子宫黏膜表层发生变性、脱落，由新生的黏膜代替曾作为母体胎盘的黏膜。在再生过程中，变性的母体胎盘、白细胞、部分血液及残留胎水、子宫腺分泌物等被排出，最初为红褐色，以后变为黄褐色，最后变为无色透明，这种液体称为恶露。正常情况下，猪2～3 d排除。恶露排出持续时间过长，说明子宫内有病理变化。猪子宫上皮的再生在产后第1周开始，第3周完成。

胎儿和胎盘排出后，子宫恢复到未孕时的大小称为子宫复原。子宫复原的时间猪为28 d左右。

猪在分娩后黄体很快退化，产后3～5 d便可出现发情，但此时正值哺乳期，卵泡发育受到抑制，即使出现发情征候也不排卵。

2. 母猪产后期的护理　母猪产后头几天消化功能较弱，应喂给质量好、容易消化的饲料，喂量不宜过多。猪8 d左右逐渐达到正常喂量。

必须随时注意观察产后期母猪，如发生胎衣不下等异常现象，应立即让兽医采取相应措施。注意观察母猪产后发情表现及发情时间，适时配种，防止漏配。

初生仔猪的营养和免疫物质的获得，依赖母猪分泌的乳汁。因此母猪的管理，不仅仅影响其之后的繁殖性能，对于仔猪存活和生长也非常重要。

3. 产后母猪健康管理　母猪分娩后自身免疫力降低，同时母猪产道打开后极易导致子宫炎，影响母猪繁殖性能。每天巡查，发现炎症及时治疗。必须保持环境清洁，减少环境中的细菌总数。及时为母猪清洗消毒，保持产床干净、干燥。注重纤维素摄入，防止便秘发生，逐步增加饲喂量。

随着采食量高，热增耗也会增加。有研究表明，在泌乳期不同饲喂方式对于母猪采食量、热应激有影响，与传统人工饲喂组相比，不间断饲喂（机器饲喂）组的采食量有略微上升，母猪体温正常，母猪未遭受热应激，随着泌乳进入到中后期，人工饲喂组中遭受热应激的母猪数是机器饲喂组的两倍。

二、母猪饲喂方案

在正常条件下，妊娠期的营养水平不会影响到窝产仔数。妊娠前期严格控制采食量，后期（84～114 d）适当增加采食量，目的是为了保证胎儿的出生重和较高的泌乳能力。但是在泌乳期如果对母猪强烈限饲，将会影响到下一胎的排卵数和胚胎死亡率。泌乳期饲料质量的保证情况下，必须保证泌乳期母猪高的采食量，从而保证良好的乳汁质量和充足的泌乳能力。同时，保证断奶后母猪的膘情。

既要尽量满足哺乳仔猪对母猪奶水质量的需求，又要保证母猪健康，这需要合理的饲喂方式。

1. 饲喂量确定　分娩后第1天饲喂1.5 kg饲料，之后每天增加1 kg，直至母猪自由采食为止。对于带仔数少的母猪，不可自由采食。母猪泌乳期体重增加，不利于下个周期的繁殖性能。

2. 饲喂次数　保持饲料新鲜，一般每天分三次饲喂。舍内温度高时，应增加饲喂次数。在温度较低的早晚饲喂，有利于提高采食量。

3. 饲料卫生 饲喂结束 40 min 后，及时清理料槽中的剩料，避免母猪采食发霉变质饲料。为提高采食量，往往会人为加水到料槽，而在产房的湿热环境下，水泡的饲料极易发霉变质，因此需要定期清理料槽剩料。母猪自由采食的阶段，也不能随时让料槽中有饲料，而是根据每次采食的情况，调整饲喂量。正常情况下，母猪 25 min 采食完的量，是比较合适的饲喂量；不到 25 min 就采食完，需要增加饲喂量；25 min 之后有剩料，需要减少饲喂量。

4. 充足饮水 保证母猪饮水器水流至少每分钟 4 L，最好有水碗或水槽，因为饮水不足会降低采食量。

三、体况评分

在很多情况下母猪体况不良会被淘汰。体况太瘦，则产仔数少、初生窝重小和断奶窝重小；母猪过肥，则出现不发情、难产、泌乳期食欲差、泌乳量低及运动障碍多。所以母猪一生中每一个阶段都要有适当的机体组织储备，保持良好的体况才能提高母猪群体繁殖性能和延长母猪利用年限。根据母猪体况加强饲养管理，是提高母猪繁殖性能的有效途径。母猪体况偏瘦和过瘦，就意味着体内贮存脂肪的减少，体脂肪既是潜在的可动用能源，又可作为类固醇激素贮存、代谢和释放的一个活动器官。消瘦母猪常表现为不发情、卵泡停止发育、安静排卵或形成卵泡囊肿，从而影响母猪的繁殖性能。

1. 体况评分（body condition score，BCS）**方法** 母猪体况各项分数各自代表的含义是非常重要，必须对脂肪和肌肉的界线区分得十分明显。而这种区分就由肋骨、背脊骨、髋部的位置所决定。通过触摸和感觉母猪肩胛骨、脊椎、髋骨、尾巴前端来判断。需要对评分者进行一定的培训。

母猪体况评分是由评分员根据经验目测母猪体况并打分，但是人为的母猪体况评分并不能准确反映猪群总体肥度的背膘水平，不同的评分员会对同一头母猪的体况会打出不同的分数，即使是同一评分员，在不同时间也可能对同一头母猪打出不同的分数。无论一个猪群中总体母猪群的体况如何，评分往往在 1.5～4.0 的范围内，特别集中在 2～3.5 分，这说明使用目测评分存在较大的人为误差。对根据体况评分确定饲喂水平的做法，更多是依靠个人的饲养经验，并无准确依据。

图 9-2 展示体况分数（BCS）从 1～5 的母猪，即高体况分数和低体况分数。无论母猪经产几胎或处于哪种生产阶段，都处于这些体况分数范围内。体况指数为 3 的母猪被认为是"最完美的"。

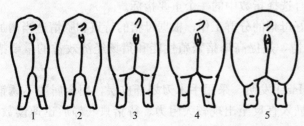

1. 号体型——脊椎突出；
2. 号体型——脊椎无须通过掌压就能摸到；
3. 号体型——手掌压下去才能摸到脊椎；
4. 号体型——摸不到脊椎；
5. 号体型——脊椎深埋在内。

图 9-2 猪体况分数与判断方法

站在母猪正后面，从头看到尾，观察肋骨与脊柱的显露程度，腰角骨骼的显露程度；

用手触摸肌肉脂肪的覆盖程度。

适宜的 BCS 通常意味着母猪拥有理想的体重，并且这直接会引来高产活仔数、更高效的营养成本支出。理想的窝重会给养猪生产的各个环节带来益处：仔猪断奶重提高，过渡顺利，育肥性能提高。

2. 母猪体况评分等级划分

（1）1 分　背膘厚过薄，<10 mm。肋骨、髋部、背脊骨明显突出，肉眼就可看到。母猪身体情况十分差，需要增加大量的肌肉和脂肪才能维持生产力。这样的母猪需要对其补充投喂大量的饲料。

（2）2 分　背膘厚偏瘦，10～15 mm。通过触摸、轻压可轻易摸到肋骨、髋部、背脊骨。这样的母猪在产下一胎之前要适度增加采食量。

（3）3 分　背膘厚度适中，15～22 mm。用力按压能感觉到肋骨、髋部、背脊骨，但肉眼看不到。这样的母猪需要密切监控其饲料投喂量，才能保持此理想体况。

（4）4 分　背膘厚偏肥，23～29 mm。触摸不到肋骨、髋部、背脊骨。必须适当减少饲料投喂量。如果饲喂的饲料粮超出母猪所需，则会导致饲料的不充足利用，并且母猪粪便也会增加。

（5）5 分　背膘厚过肥，>30 mm。手掌按压感觉不到肋骨、髋部、背脊骨。这样的母猪脂肪组织过厚，必须减少饲料投喂量，才有可能恢复理想体况。体况得分为 5 分的母猪往往采食量非常低，导致哺乳期表现不佳。

3. 母猪体况卡尺　母猪体况卡尺也叫母猪背膘卡尺，以量化母猪背中线从椎骨横突至棘突的棱角。此工具的原理是：随着动物背部脂肪和肌肉的流失，其背部会变得越来越棱角分明（Edmonson，1989）。卡尺的臂高 3.8 cm，可适应 16.5、21.6、26.7 或 31.8 cm 的宽度，用卡尺测量母猪背部 3 个部位：肩后部、背部正中和最后肋骨（图 9 - 3）。

图 9 - 3　体况卡尺

四、背膘测定

膘厚是一个重要的经济性状，同瘦肉率呈强负相关，可以通过测量膘厚得知胴体瘦肉率，所以膘厚也是在猪的品种选育综合选择指数中的一个重要指标。

加强母猪的饲养管理，特别是做好母猪的分群工作，根据母猪的特点和膘情适当增加或减少饲喂量，使母猪保持良好的膘情，是提高母猪繁殖性能和猪场经济效益的重要措施。根据测膘方式分为三种。

1. 探针法活体测膘　1945 年由 Hazel 发明，采用手术刀划开皮层，用金属或不锈钢尺作探针使用，垂直体轴戳穿皮肤，插入直尺至出现较大阻力，待猪只安静后迅速读数，提高背膘测量精准程度。

一般测量三点，美国明尼苏达大学畜牧系所推荐的测量部位如图 9 - 4 所示：第一点在肘关节上方肩部最厚处，第二点在最后一根肋骨上方，第三点在膝关节结合处上方。三点都在背中线旁 5.1 cm 处。

　　该测定方法是缺点是损伤性测量，导致动物产生应激，难以固定，测量后伤口需要用药，易造成伤口感染。

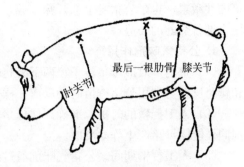

图 9-4　测量部位示意图

注：引自张文灿，1982。

　　2. 超声波技术　欧洲开始将工业用 A 超用于种猪测膘。超声波仪的应用被推广得很快，加速了 20 世纪 50—60 年代 PIC 等育种公司的育种步伐。在我国典型应用的 A 超有 RENCO（美国，A 超测孕背膘仪），piglog105（丹麦 SFK，活体瘦肉率测定仪）和美国 Ithaco 公司生产 Scanco 731C。

　　B 型超声波是使用一个多晶体线性阵列传感器以产生二维图像，更准确地测量背膘及眼肌深度，也可以测量眼肌面积。然而更高的频率也意味着更高的轴向分辨率和更高的衰减（信号到达深层组织前已消亡），这也是使用 3.0～3.5 MHz 探头的原因，其在分辨率和穿透性给出了最佳的权衡。按照猪的背宽，探头需要至 12.5 cm 宽也与医用 B 超大不相同。

　　在我国运用较为广泛的 B 超仪器有日本 Aloka 兽用 B 超 SSD-500V 型，荷兰 Pie-Medical 公司产的 50StringaVet，和法国大欧兽用 B 超 EXAGO、日本 HONDA 兽用 B 超。我国自有品牌的兽用 B 超也非常多，如深圳盛诺维公司的 SONO V6+，可以两种频率（3.5Mhz/7.5Mhz）转换，测孕、测背膘均可，5.6 寸全彩屏幕便携设计。

　　3. CT 扫描技术　CT（computed tomography）是计算机断层扫描，是以 X 射线从多个方向对某一选定断层层面进行照射，透过的 X 射线量经计算机重构图像。CT 用于活体猪检测是最近出现的新检测手段。CT 应用在猪育种上的是一种新兴技术，是一种活体动物胴体组成的非侵入式技术。CT 能透视到机体组织和躯体内部，且对动物躯体基本无损，对肌肉、脂肪和骨骼的深度、面积和体积能精确地开展三维测量评估，有益于最终胴体组成分析、胴体分割利用的优化和各部分成长机理及规律分析。但是几十万美元的仪器费用，目前主要应用于科研，育种使用需要市场做出检验。

　　4. 母猪 P2 点背膘标准　P2 点背膘是国际养猪业通用的一个基础数据，是指猪最后一根肋骨外切线距背中线 6.5 cm 处的背膘厚度。

　　在 B 超的协助下，准确掌握 P2 点数据很重要。配种时达到 13～15 mm，妊娠 30 d 达到 15～18 mm，妊娠 75 d 达到 16～18 mm 和妊娠 110 d 达到 18～20 mm。

　　应用超声波测膘，只需测最后一肋离背中线的 4 cm 处膘厚即可，而且此点不论是从方便还是从解剖的角度，都是较理想的测量部位。此点位于眼肌上方，测量时，受其他组织影响较小，度量的准确性较高。超声波法比起探针法来，具有许多优越之处，准确性问题暂且不论，单就非破坏性而言，乃探针法之所不及，尤其是对于选种之猪，此法更为实用。

五、公猪气味剂

　　公猪气味剂又称母猪诱情剂。雄烯酮是类固醇，大量存在于未阉割的公猪口水中，是猪的性激素，也是公猪身上的骚味来源，当处于发情期的母猪闻到雄烯酮时就会弓起背脊摆出准备交配的姿势。

1. 公猪气味剂作用

（1）查情　对准母猪鼻子喷两下公猪气味剂，以代替用公猪来查情，母猪的压背测试和爬跨反射与利用公猪查情时的反应一样，没有区别。

（2）人工授精的时机　准确评估母猪发情阶段是人工授精成功的关键。使用公猪气味剂同样能使母猪产生静立反应。

（3）人工授精期间　公猪气味剂通过改善生殖道对精液的积极反应，减少精液倒流，有助于降低人工授精过程中的精液损失。

（4）加速断奶后的发情　母猪断奶后，可在第3天开始使用公猪气味剂，上、下午各进行1次喷鼻，每次喷2下。在发情期到达前，可每天重复使用，最多需要使用3 d。

（5）对后备猪的影响　使用公猪气味剂能够对后备母猪进行催情，提高后备母猪的利用率，减少猪场的非生产天数。

2. 使用方法　在母猪鼻子前约60 cm处，进行喷雾。喷雾完毕后进行"压背测试"。

六、母猪二胎综合征问题

所谓的二胎综合征，是指母猪在产了一胎后，断奶后长时间不发情，或者二胎产仔性能并没有达到预想的程度。这个问题无论养猪水平高低的国家同样存在。造成这个问题的原因，其实很简单；也就是母猪在哺乳期间消耗过度，导致严重体虚，也就是身体被掏空了；这样的母猪，保住自身已经不易，更难说发挥繁殖性能了。

解决这个问题，只需要采取营养调控的办法，就能够解决。

首先是产仔前，需要足够的营养储备；这需要在产仔时，母猪有足够的体格和足够的营养储备；营养储备不单纯是背膘厚度足够，还需要储存足够的维生素和微量元素。

解决体格小的问题，是从首配标准开始考虑的。后备母猪首次配种，必须达到四个指标，一是体重必须达到成年体重的60%，对于外来品种中的长白猪和大白猪，首配体重不能低于125 kg；二是月龄，至少要达到7.5个月；第三个指标是发情次数，至少要有2次发情以上；最后也是非常重要的指标是背膘厚度，外来品种应达到17 mm以上。如果配种体格小或体储不足，那很难保证产仔时有足够的体能储备。

现在许多猪场非常重视头胎母猪产仔时的背膘厚度，认为在20～22 mm比较理想，这是个硬性指标。但人们往往会忽略看不见的营养，如维生素和微量元素的储备。这里比较重要的维生素，有维生素E、叶酸、维生素A等。比较重要的矿物质有钙、磷；还有一种元素铁，铁是红细胞中血红蛋白的重要成分，缺铁会导致贫血。

产仔前有了足够的营养储备，不但有利于顺利产仔，还为哺乳期提供了充足的营养，对母猪断奶后顺利发情，有很大的作用。

母猪哺乳期，则是尽可能减少失重。关于这个问题，还要从母猪泌乳机理考虑。母猪和其他雌性动物一样，为了保护自己的后代不惜一切。如果通过采食不能得到足够的营养，会动用自身体组织转化为奶水。采食量大，则动用体储少；采食量小，则动用体储多。所以，减少母猪哺乳期失重，首先要使母猪有足够大的采食量，同时母猪饲料营养浓度还要高。对于初产母猪，因体格小于成年母猪，采食量提高的幅度有限。所以，必须在尽可能让母猪多吃的情况下，还要提高母猪饲料的营养浓度。一些猪场为后备母猪制定专门的哺乳母猪料，或者喂料时另外添加优质鱼粉，都能起到不错的效果。

让母猪减少失重还有两个办法，是从小猪身上入手：一个办法是提早补料，通过补料减少对母猪奶水的需求；另一个办法是早断奶，21 d 断奶与 28 d 断奶相比，自身消耗要少得多。但早断奶的前提，是仔猪断奶后能够顺利吃料，也就是需要早期训练补料。

母猪断奶后的管理，则是快速补充缺失的营养。这里除了维生素和微量元素需要及时补充外，还有一个重要的营养，那就是葡萄糖在血液中的浓度。据资料介绍，血糖浓度高，可以刺激胰岛素的分泌，而胰岛素又能刺激促卵泡素的分泌。而母猪发情，就是因为足够多的卵泡成熟，并释放雌激素，才引发母猪出现发情症状。

为解决这个问题，一些公司发明了专用于母猪断奶后的特殊饲料，这种饲料中提供高能量，但却不使用脂肪，而是以优质淀粉为主；还有的猪场，则是在常规饲料之外，另外给母猪补充葡萄糖，同样起到提高血糖浓度的作用。据一些猪场的经验，在断奶前后各 3 d，每天每头母猪补充 200 g 左右的葡萄糖，可明显缩短母猪断奶后的发情时间。

七、提高母猪年生产力的注意事项

提高母猪年生产力的主要措施，包括"四率"：

1. 注重母猪更新率　合理的母猪更新淘汰，保持母猪群合理的胎龄结构，使母猪群保持稳产高产状态；大量母猪在最高生产力 3～6 胎时，产活仔数达到最大量。

2. 提高后备母猪发情配种率　加强后备母猪培育，后备猪的引入后，必须经过隔离、适应、免疫、药物保健及驱虫等，再转入经过消毒、空置后的母猪舍。后备母猪第一次配种要经过一个发情周期，达到体成熟。

3. 提高母猪群的配种分娩率　优化查情与配种程序，查情准确，人工授精适时。减少妊娠期胚胎及分娩过程中的胎儿死亡，及时助产，诱导分娩。

4. 提高哺乳仔猪成活率　保证吃初乳，较高环境温度，提高哺乳母猪的饲养水平，避免母猪泌乳期失重。最大限度地提高母猪的产奶量，产房实行全进全出制度。

受胎率低影响母猪利用率和场内经济效益。影响母猪受胎率的因素主要有：母猪发育不良或遗传疾患、精液质量及人为因素等。提高母猪受胎率方法，主要是选留优秀后备母猪、发情诊断和及时淘汰三个方面：

① 选留祖代繁殖力强（排卵数多、产仔多，乳头数多、泌乳力强，发情征状明显，繁殖力高）和健康、无遗传疾患、体型好的个体作为后备母猪。首先根据遗传评估成绩或系谱档案进行初选，再根据生殖器官（外阴大，乳头大小适中、排列对称，有效乳头达到 6 对以上）、外形（皮毛光滑、体型丰满、腹部呈弧形、后躯发达、四肢强健、动作协调、精神健康）复选，最后就是加强选留后备母猪的培育与饲养管理。

② 选留的后备母猪及时进行发情诊断。根据品种特征，观察后备母猪的精神状态和行为特征，及时发现和用公猪刺激诱情，记录初情时间并合理安排初配时间。对于日龄与体重正常、久不发情的后备母猪，一旦发现初情征状，把握时机及早配种，然后隔 12 h 进行复配。

对母猪及时的选留与淘汰是保证一个猪场满负荷生产、维持母猪群较高生产能力的关键措施，对于对长期不发情且诱情无效、久配不孕、产仔数低、哺乳能力差的母猪及时淘汰。保证母猪的年更新率为 30%。

第四节　后备母猪管理

后备母猪在第二或者第三情期配种，分娩率、产仔等综合指标最具经济效益。135～150 kg，230～250 日龄，正常更替种群，满足配种数，背膘目标配种时 14～18 mm（图 9-5）。

1. 外形选择　母本体形应该外观方正，后躯发达但没有圆形肌肉，大块圆形肌肉是内部骨架小的反映。母本方正体形，产子数更多，断奶体重更大，分娩困难较少。

2. 诱情流程　公猪诱情对小母猪的作用是十分重要的，一天上、下午诱情 2次要比一天诱情 1 次效果显著，诱情的

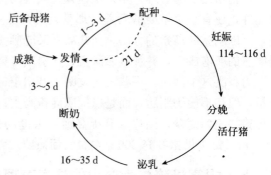

图 9-5　后备母猪的繁殖周期

小母猪初配日龄均显著低于不诱情的小母猪。初情期来得早的小母猪，终生发情周期正常比例、年产窝数均显著高于发情晚的小母猪，断奶至配种天数也显著较低。初配日龄早的母猪终生产仔数也较高。

诱情方式：喂料 40 min 后进行，此时猪即没有饥饿感，又处于相对安静状态，利于诱情。养成习惯，每天定时、定点、定人诱情。

母猪：160 日龄以上。

公猪：10 月龄以上的公猪，性欲旺盛、唾沫丰富（可以是行动迟缓的老公猪，也可以是体型较小的年轻公猪。公猪最好 1 周进行本交一次，确保性欲正常）。

频率：每天 2 次。

方式：公猪隔栏接触、公猪直接接触、人工刺激。需要 2～3 人配合进行。

（1）目标　后备母猪从 160 日龄开始催情后，4 周要达到 70% 的发情率。同批后备母猪中不发情的比例一般不应超过 5%。

（2）步骤　母猪 160 日龄开始使用公猪诱情，保证每头后备母猪与公猪每天接触 2次。诱情公猪要交替使用，以保持后备母猪对公猪感兴趣。

公猪与母猪鼻对鼻接触，人员检查母猪发情情况，在发情母猪背上做上标记并打上耳牌。未发情的母猪不做处理，每头母猪与公猪接触时间 30～60 s。

诱情全部完成后，将公猪赶回栏舍（大圈单独饲喂，至少 7 m²/头，远离母猪处，处于下风口）。可以使用公猪气味剂。

3. 后备母猪管理

（1）母猪首次发情　标记发情时间并做好记录。建议此时可以给母猪打上耳牌，做好档案，以表示母猪即将进入生产群。

（2）再发情母猪管理　根据生产计划的实际情况，将发过情的母猪按照发情时间统一赶入大栏或限位栏；根据发情记录推测三次发情时间，并做好记录，在配种（第3次发情）前14 d，提高饲喂量，提高母猪排卵数。

第五节　母猪不发情处理与母猪淘汰标准

一、不发情母猪对症处理

不发情母猪处理措施见表9-2。

表9-2　不发情母猪处理措施

	原因	措施
1	体况过瘦（由于长期能量、蛋白质摄入不足或哺乳期失重过多，导致母猪消瘦、肋骨显露、皮肤苍白）	增加泌乳期采食量，或者在饲料中加入5%~6%的植物油，适当增加全价饲料
2	体况过肥（过肥的母猪卵巢内及周围脂肪过多，不利于卵泡发育）	成年断奶母猪饲喂哺乳母猪料，1 d喂2次，断奶当天喂饲料1~2 kg，第2天自由采食2~2.5 kg，直至发情配种。对体况较差的母猪进行配种前两周的短期优饲至发情排卵，日喂2.5~3.2 kg饲料或自由采食。适当减少全价饲料
3	缺乏运动与光照	合群、调圈、并圈、舍外适度运动：将不同圈的猪只混合在一起运动及增加光照
4	生殖器官发育、性成熟早，初配年龄过早	将不发情的母猪与正在发情的母猪同圈饲养，通过发情母猪的爬跨，引起其性兴奋。每天对不发情的母猪进行10 min的表层按摩（促进母猪发情）和5 min的深层按摩（促使母猪排卵）
5	缺乏维生素A、维生素E、蛋白质	在饲料中添加维生素E、维生素A、维生素D_3和矿物质（硒）或饲喂新鲜青绿饲料补充维生素。补充优质蛋白
6	黄体持久而不发情	母猪卵巢检查，注射氯前列烯醇（PG）0.2 mg溶解黄体，或者PG600 1头份
7	不明原因的	注射氯前列烯醇（PG）0.2 mg或者PG600 1头份，也可以结合使用

不发情的母猪包括：应该配种但不表现任何发情症状的后备母猪、断奶后不发情的经产母猪、配种后未妊娠但也不发情的母猪。

二、季节性不孕

在某一季节母猪群体的发情率、配种率下降，使整个繁殖率下降，这种现象称作"季节性不孕"。常常在8月、9月和10月。改善季节性不孕，猪场可以从以下几个方面进行：

（1）调整饲料营养配方　饲喂含高能量和低蛋白的饲料。饲料中添加一定比例豆油提高饲料能量。增加赖氨酸和其他限制性氨基酸、维生素和微量元素的含量。

（2）调整生产管理方案　使用水帘和风机降温，饮水器保持良好的水压和水质。现代品系母猪断奶前不限饲，每天饲喂4次甚至以上对增加采食量是很有帮助的。配种后4周内增加饲喂量，采食标准每头母猪每天需到达3.5 kg以上。

三、母猪淘汰的标准

（1）母猪产过 8 胎后，产仔率就会下降，这是就可以淘汰母猪了。如果在繁殖期有其他不正常问题出现，就该提前淘汰了。

（2）曾得过病毒传染性疾病的母猪。如猪瘟、伪狂犬病，即使治愈下次产仔也有可能复发，传染给仔猪，造成不必要的经济损失。遇到这种情况就应及时淘汰母猪。

（3）有缺陷的母猪。如瘸腿的母猪、体质差的母猪，不但影响配种，产仔后也会影响仔猪的健康。

（4）有乳房炎、子宫炎的母猪，这种母猪即使产仔也没有能力哺乳。仔猪很容易患病。

（5）有遗传问题的母猪。这种母猪产的仔猪生长速度慢，体型也不好，只能淘汰。

（6）经过治疗仍不发情或配不上种的母猪。即使用药物治疗后发情了，但在下次配种时还是会出现问题，如空怀、不繁殖，造成经济损失，就应该及时淘汰。

第六节　母猪批次化生产

一、概念与意义

母猪批次化生产（sow batch production）是养猪场根据自我繁育条件以及技术条件实施的节律性批次生产方式，按照产房、配种妊娠栏舍、品种特征、生产需求而按计划实现均匀管理，同批母猪同期配种与同期分娩的工厂化养猪模式。

母猪批次化生产源于工业化生产的批次化管理理念，由畜牧业发达国家开发使用。欧洲在适度规模养殖的基础上，20 世纪 70 年代率先将工业产业的批次化管理，引入母猪的生产管理，并形成了一整套完整的生产技术管理体系。

欧洲国家的母猪的生产效率很高、猪场的设备投入很大、自动化程度高，90％以上的猪场采用自动温控、自动喂料、全漏粪等现代化生产工艺，批次化管理实现有计划繁殖周转，有效提高猪舍和设备的利用效率，降低饲养成本。

批次化生产是指母猪按照一定的时间节律进行配种、分娩组织猪场生产的技术。根据批次配种时间间隔，可分为通常的"一周批""三周批""四周批""五周批"和"天批"等。主要是通过应用现代生物技术，根据母猪群体的生产状态和实际需要，控制繁殖母猪同步发情、同步排卵、同步配种和同步分娩，从而实现养猪生产与管理的批次化。母猪的批次化管理以母猪生殖规律与生理特点为依据。目前，欧洲实施 3 周批次管理，跟母猪的发情周期 3 周平均 21 d相吻合，使母猪繁殖潜力得到极大发挥。与传统生产管理比较，母猪批次化管理优势明显：

（1）有利于组织生产，提高劳动效率。

（2）提高商品猪（猪苗）整齐度。

（3）提高种猪繁殖成绩。

（4）为仔猪免疫创造有利条件，实现跟胎免疫。

二、母猪批次化生产的主要技术

1. 同时发情技术　同期发情（estrous synchronization）是通过对哺乳母猪进行同期

断奶而实现，发情持续期为 4～10 d，具体的做法是对断奶母猪的 12 h 后，肌内注射 400 IU 孕马促性腺激素和 200 IU 的人用促性腺激素，4～5 d 后母猪就可以同时发情。

母猪的同时发情技术应用于批次生产时间还不长。主要的技术就是应用烯丙孕素（Altrenogest），该药是一种口服的活性孕酮，主要用于后备母猪的同期发情。

2. 定时输精技术　定时输精（Timed Artificial Insemination，TAI）是根据母畜的繁殖和调控规律，利用外源生殖激素处理，使母猪的发情与排卵同步化，实现准时输精，达到提高家畜人工授精效果的一项繁殖技术。定时输精后母猪繁殖性能没有明显提高，但省去了母猪发情鉴定的过程及繁重的体力劳动。

TAI 分为两种，简式定时输精技术（timed artificial insemination，TAI），基于发情鉴定的定时输精技术。精准定时输精技术（fixed - time artificial insemination，FTAI），基本不进行发情鉴定，依据固定时间进行配种输精。

简式定时输精技术，主要是繁殖母猪应用 GnRH 或 GnRH 的类似物，控制母猪的同步排卵，从而让同群体的母猪在一个固定的时间进行输精。该技术可以减少精液的成本，减少周末进行配种的机会。

精准定时授精技术应用 GnRH（促性腺释放激素）的类似物，对断奶后的 83～96 h 进行 GnRH 或 GnRH 的类似物进行注射，在 20～23 h 后进行配种。

精准定时授精技术的实际操作：后备母猪在 18 d 烯丙孕素饲喂预处理后 24 h 给予 eCG 注射，预处理后 104 h 再给予 GnRH 类似物 Buserelin 注射，在预处理后的 128 h 和 144 h 进行 2 次定时输精。经产母猪哺乳 3 周或 6 周的母猪断奶 24 h 后注射 1 000 IU 的 PMSG，注射后 72 h 或 56 h 给予 500 IU 的 hCG 处理，处理 24 h 后进行单次人工授精的处理组产仔数极显著高于通过发情鉴定后进行人工授精的对照组。

定时输精技术是批次化生产的核心关键技术，稳定的批次化生产才是定时输精的最终目的与意义。定时输精技术能够显著提高后备母猪的利用率，但是不同生产水平的猪场实用定时输精后的效果是不同的，不能利用定时输精追求更高的分娩率和产仔数。

3. 同步分娩技术　母猪妊娠期的变化范围在 110～120 d，母猪进行批次化管理就要将该批次母猪的分娩时间集中在 115 d。实际操作方法：应用前列腺素 PGF2α，实现同步分娩。主要目标：①控制母猪在白天的工作时间段分娩；②控制母猪的分娩时间不占用周末的休息时间；③保证同批次的仔猪的日龄和体重均匀度；④有效地利用设备和每批次的管理任务。

三、母猪分娩批次化生产操作方法

母猪分娩批次化生产输精方案见图 9 - 6。

以三周批生产举例说明操作方法。三周批次生产是指经产母猪和后备母猪每 3 周配种一次，形成一个"批次"，同一批次出生的小猪直到上市都不会与其他批次的猪混养。养殖周期均以 3 周为单位，将 3 周断奶仔猪与母猪配种时间衔接，形成完整的 3 周生产周期。全场全进全出是指保育-育肥场在新的一批猪进场前，前一批猪全部清空并且对猪场进行清洗消毒。通过 3 周批次生产，将同批次仔猪用于生长育肥，实现全场全进全出。3 周批次生产的最大好处是保育-育肥一体化，断奶仔猪直接进入猪舍直到上市。

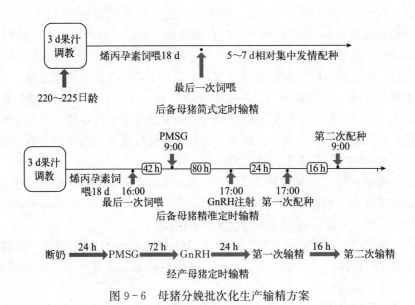

图 9-6　母猪分娩批次化生产输精方案

批次生产可以实现全场全进全出，带来种猪场和养殖户的双赢。从连续生产系统改为全场全进全出，可以提高生产效率，降低成本。批次生产可以提供更大的断奶猪群体，以保证一次性满足保育场、育肥场或保育/育肥场的需求，从而实现全场全进全出。全场全进全出可以带来诸多益处，如减少疾病传播、提高猪的生长性能、使生产过程更易管理和保持良好的生产成绩等。同一猪群具有相似的日龄、相同的免疫水平、一样的病史，因为没有外来猪进入原有群，因此通过其他猪传播的途径在该系统中被降低或清除。

四、不同批次化方式的优缺点

优缺点对比见表 9-3。

表 9-3　集中周批的优缺点对比

	1 周批（传统）	3 周批	4 周批	5 周批
优点	自然发情配种生产，母猪 NPD 少，激素药物使用成本，工人习惯的生产方式	每 3 周集中配种一批；上一周配种后返情的母猪，再发情时可落在当前配种周	需要产房量少，投资成本低；分娩舍可以几天无猪，可以彻底空圈消毒	需要产房量少，投资成本低；分娩舍可几天无猪，可以彻底空圈消毒；产房空栏时间长
缺点	每周有配种和产仔；产房总有猪，疫病阻断困难；一次提供的猪苗少；商品猪体重均匀度差；工人劳动效率低	需要 6 周产房，利用率低；4 周断奶，母猪利用效率低；分娩舍总有猪，无法彻底空圈消毒	母猪 NPD 多，产房空栏时间短，要求 20 d 断奶	母猪 NPD 多

注：张守全，2020。

第七节　母猪大群饲养管理技术

一、概念及发展

母猪饲养方式有个体限位栏饲养、小群（半限位）饲养、大群自动饲喂站饲养。20世纪80年代兴起母猪限位饲养。采用母猪限位栏能有效地节省占地空间，最大限度地发挥有限建筑面积，同时更易于对妊娠母猪的管理。

常规母猪个体限位栏为每栏位大约 2 m²。采用母猪限位栏饲养的显著特点：集中、密集、节约，能有效地节省占地空间，使有限建筑面积发挥到极致，栏位利用率高，易于对妊娠母猪进行管理。缺点是母猪的活动范围和体质健康受到严重影响，母猪种用价值降低、淘汰率升高。

个体限位栏系统（Individual stall system），又称智能化母猪单栏饲喂管理系统。个体限位栏饲养在方便流水作业管理的同时，对母猪健康产生了一定的伤害，出现母猪生产性能下降、利用年限缩短、死淘率升高等负面效应。为实现母猪的动物福利与生产效益双赢，2002年以来，欧美等国相继通过禁止使用单体限位猪栏"妊娠笼"（gestation crate）法案，推行母猪大群饲养、智能化管理的新型饲养模式。欧盟2013年禁用单体限位猪栏。

目前，尽管许多国家限位栏饲养模式依然占据主流，但"妊娠笼"饲养母猪的做法或许将逐步被智能化母猪群养模式所取代。

小群（半限位）饲养一般每栏饲养4~12头母猪，对母猪福利有一定改善，但增加了管理难度，如德国诺廷根舍饲散养系统。

大群饲养一般每栏舍50~300头，系统以母猪动物行为学为基础而研发，充分照顾到了动物福利，母猪生存条件得到充分改善，饲养管理实现计算机信息化精确管理，工艺类似于种猪性能测定的自动计料系统，但功能更完善，如增加发情鉴定等。

限位栏饲养、小群饲养与智能化母猪群养栏舍每头母猪平均占位：一般限位栏饲养每头母猪栏位1.5~2 m²、小群饲养平均3~4 m²、智能化母猪群养平均2~3 m²。

Velos智能化群养系统动态群每个电子饲喂站饲喂50~60头母猪，每头母猪1.8~2.1 m²，一般每头母猪 2 m²。

智能化母猪群养 Nedap 系统如加拿大 JYGA 公司开发的格式塔（Gestal）繁育母猪智能化饲喂管理系统和荷兰 Nedap 公司 Velos 电子母猪饲喂系统等。

Nedap 公司 Velos 系统主要用于繁殖母猪的妊娠阶段，可实现妊娠母猪的群养和单体精细化饲喂管理。系统内的猪只在饲喂区中的活动空间比传统的限位栏和圈舍要大了许多，猪只的运动量得到了增加，可以缩短母猪断奶后到发情的时间间隔，满足妊娠母猪的行为表达需求，减少犬坐、咬栏、无食咀嚼等的发生。空间的变大更加符合动物福利的要求。由于采用的是自动投料，没有人员过多干扰猪只，母猪的应激较少，精确控料也使得猪只的背膘比较均匀。使用系统后工作效率大大提高，劳动强度得到了有效减轻，避免了人员流动对猪群的生产成绩造成太大的影响。加拿大 JYGA 公司1994年开发的格式塔（Gestal）繁育母猪智能化饲喂管理系统是一种适用于限位栏的饲喂系统，该系统无需改变限位栏的猪舍结构，可简便地安装于限位栏和 Nedap 产床，对繁殖母猪各个阶段都可进行精细化的饲养管理。

母猪群养也存在一定弊端，如群养易产生相互争斗导致母猪流产或伤残淘汰。大栏群养下的母猪不可避免存在争斗，会增加 $2\%\sim4\%$ 的淘汰率，以及 $2\%\sim4\%$ 的流产率；因个体差异，近 $5\%\sim7\%$ 的母猪终生无法适应饲喂站采食。

二、母猪智能化管理系统组成

母猪自动饲喂站饲养与商品猪自动饲喂系统相似，欧美等称母猪电子群养（electronic sow feeding，ESF）。母猪自动饲喂站主要包括母猪智能系统化精确饲喂系统、母猪智能化分离系统、母猪智能化发情鉴定系统。智能化母猪群养系统能改善母猪福利，提高猪场生产水平和管理水平。

母猪智能化群养管理系统主要由母猪自动化饲喂站、智能化分离站、智能化发情鉴定站组成。一个电脑软件系统构成的控制中心一般可以控制 200 多个母猪自动饲喂站，一个母猪自动饲喂站最多可以管理 $50\sim60$ 头母猪。不同阶段母猪在一个群中饲养，通过智能化发情鉴定站检测母猪是否发情，达到最佳配种时机时，又通过智能化分离站将要配种的母猪分离出来，转入限位栏进行配种，配种 1 周以后，再转入群养自动饲喂系统中。

现在国内市场存在的母猪智能化管理系统主要包括德国 Mannebeck 公司的 Inter MAC 系统、荷兰 Nedap 公司制造的 Velos 系统、美国 Osborne 公司生产制造的 Team 系统与全自动种猪生产性能测定系统 Fire、美国 Big Dutchman 公司研发的 Call Matic 2 系统，奥地利 Schauer 公司研发的 Compident 系统、Grainnet（谷瑞）公司 AP Schauer、法国 Acemo 公司 Acemo MF24 母猪多功能自动饲喂系统。

电子母猪群养有美国 Osborne、荷兰 Nedap、德国 Mannebeck 公司的 InterMAC 系统、大荷兰人 CallMatic 等。国产的有上海河顺 HHIS、广东广兴、四川通威等。

三、群养模式

智能化母猪群养模式主要就是通过终端计算机连接自动饲喂器，然后把自动饲喂器安装在符合一定标准的猪舍内，自动输料系统通过管道把饲料储存在饲料储存器内，饲料槽连接饲料储存器。使用这种模式的母猪，耳朵上要佩带记录其身份信息的电子耳标，当母猪采食的时候，饲料槽旁边的扫描仪把扫描到的耳标信息反馈给终端计算机，计算机内的系统会根据母猪的胎次、平均采食量来给母猪供应专门的饲料，从而实现对母猪的精确化饲喂管理。

智能化母猪群养主要有两种生产模式：动态群养模式和静态群养模式。

1. 动态群养模式（一栏一站，分离器分群） 母猪智能化系统动态饲养模式：给母猪提供更多的活动空间。在一个栏体里混合不同妊娠期的母猪群体，通常在一个栏体里安装多个 ESF 饲喂站，配套分离站使用，适合规模比较小的或者管理水平比较高的猪场。动态群养生产模式是母猪发情配种后 $4\sim7$ d 转入母猪群养大栏采用电子群养饲喂，一般少于 800 头基础母猪的猪场采用。动态生产模式下，数百头处于不同妊娠阶段的母猪在一个大群中生活，需要中央分离器做分群管理。

母猪智能化系统动态饲养流程：群养栏舍饲养不同阶段的母猪群→检测到发情的母猪

自动喷墨、分离到群养配种妊娠区→产前 7 d 转入产仔栏舍。

2. 静态群养模式（多栏多站，全进全出） 母猪智能化系统静态饲养模式：不同妊娠周龄母猪群分别在不同的栏里饲养，不仅可以避免不同的猪舍间混群时的疾病传播，同时便于饲养管理，适用于 1 200 头母猪以上猪场，实现整群全进全出。静态群养生产模式是将每周配种的母猪编为一个小生产群，用一台电子饲喂站管理，猪群在一个生产周期基本保持稳定。一般在母猪发情配种限位饲养 28 d 后转入电子群养大栏（必须是经过 B 超检测的妊娠母猪），一般大于 800 头基础母猪的猪场采用。

母猪智能化系统静态饲养流程：群养栏舍饲养待配母猪→配种转入限位栏饲养 28 d 保胎并经 B 超检查确认妊娠→智能群养栏舍→产前 7 d 转入产仔栏舍。

四、群体管理技术

母猪饲养管理是养殖场的核心，提高种母猪的管理水平，使种母猪的各项性能得到极致发挥，对于提高生产效率和经济效益有绝对性作用。

目前，母猪一般按繁殖周期分群饲养。按生产周期分后备（待配）、妊娠期、哺乳三阶段。针对不同阶段给予不同营养需要差异性的管理。

后备与待配母猪的管理：后备母猪阶段多以大群散养和小群栏养为主。大群饲养如母猪电子饲喂管理系统、智能母猪饲养管理系统等。

妊娠期母猪管理：妊娠期管理的好坏，不但关系到产仔水平也关系到下一个繁殖周期。

哺乳期的管理：本期管理与下一次的发情、人工授精有密切关联。

母猪电子群养系统是以计算机管理软件系统作为控制中心，用一台或多台饲喂器为控制终端，由众多的读取感应传感器为数据源，实现对母猪的数据管理及精确饲喂等，又称母猪电子饲喂站。电子母猪群养系统将母猪从限位栏中解放出来，让母猪回归大群饲养，重新获得福利。

奥斯本（Osborne）母猪电子饲喂群养系统能对母猪在大栏群养的情况下，根据母猪的体况、妊娠期和窝数进行个性化自动饲喂，对个别母猪自动分离和自动发情探测，还可对每一头母猪自后备母猪到配种，妊娠、分娩、再配种多次循环直至淘汰的全程跟踪管理。

母猪群体管理包括发情控制、饲养管理等。为实现繁殖目标，需加强母猪管理。尤其是后备母猪，大多为自繁自养，怎样选留和培育好后备母猪，是生猪生产的一个重要环节，直接关系的繁育仔猪质量和数量。

1. 大群饲养的发情监测 智能化母猪发情检测系统可通过监控母猪的发情行为，然后经过软件对监控数据进行处理，根据母猪的发情曲线，得出最佳的配种时间。管理人员只需要按照由系统自动生成的配种报告进行配种即可。一般母猪智能饲养系统配置的母猪智能发情鉴定系统，可对个别母猪自动分离和自动发情探测，还可对每一头母猪进行全程跟踪管理。

Nedap Velos ESF（electronic sow feeder）智能化母猪群养管理系统通过在定位栏上的测情系统，实施 24 h 不间断自动检测母猪发情，并自动分离发情母猪，为准确地分析出母猪的发情时间和最佳配种时间提供依据。母猪发情时，Nedap Velos 会准确地发出警告。当母猪"访问"公猪时，Velos 识别并监视访问过程。系统自动记录母猪的访问过程，判断是否发情。发情母猪会被自动标记、被分离到待处理区域；反之，没有发情的母猪，通过分离器的默认出口返回大群躺卧区。每台母猪分离器最多串联 6 台饲喂站。当一头母猪需要受精时，Nedap Velos 会按时发出警告（图 9 - 7）。

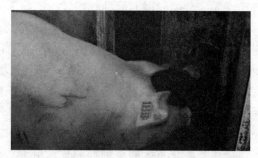

图 9 - 7 后备母猪和母猪在 Velos 发情检测器与试情公猪通过鼻-鼻接触

加拿大 PigWatch 测情系统，24 h 监测母猪的发情情况。PigWatch 测情系统操作：输入母猪代码→放入公猪促情→确认最佳输精时刻→精准输精→插入触摸笔收录程序→水滴呈绿色收录程序完成。

但母猪发情是个很复杂的生理反应过程，母猪是否发情、如何掌握最佳配种时机等具体问题，当前仍依靠人工鉴定较为准确，智能化发情鉴定站检测结果只能提供参考。

群养母猪可能因打架或运动过量等造成流产，而且一些母猪返情严重，不易被掌握。建议猪场根据实际情况，在设计栏舍时预留足够量限位栏，待母猪配种一个月后胎盘着床稳定时再转群到群养自动饲喂系统。

2. 大群饲养发情控制 发情控制是指通过某些激素、药物或饲养管理措施，人工控制母畜个体或群体发情并排卵。猪的发情控制包括诱发发情，同期发情和超数排卵等技术。母猪的发情和排卵都是在神经和激素的调节下进行的。发情控制得当，减少空怀漏配，有利于配种计划的实施，促进母猪繁殖性能发挥。

第一节 选种选配

选种就是从畜禽群体中选出符合人们要求的优良个体留作种用，淘汰不良个体，将遗传上优秀的个体选出来繁殖下一代，使得下一代的平均值能够优于上一代。

选配是对公母畜禽进行人为控制，使优秀个体获得更多的交配机会，可使优良基因更好地重新组合，避免群体的过度近交而导致近交衰退，同时增加下一代极端优秀个体出现的机会，以促进畜禽群体的改良提高，对畜禽育种工作有着十分重要的意义。

种猪的选种和选配是实现猪群遗传改良的两个基本途径。选种是选配的基础，选配是选种的继续，选种与选配相互促进。猪的选种选配依托于繁育体系、性能测定、遗传评估等。

一、选种的概念与目标

1. 选种概念 选种包括对种公畜禽、种母畜禽的选择。一般种母畜的需要量较大，采用"选优去劣"的原则进行，种公畜禽的需要量较少，但对群体影响较大，一般采用"选优去劣、优中选优"的原则进行。

众所周知，猪的良种繁育体系一般采取育种场、繁殖场和商品场三级制。在种猪选育中，又分为父系和母系。

父系猪：是指参与生产父母代公猪的品种或品系，如杜洛克猪和皮特蓝猪。

母系猪：是指参与生产父母代母猪的品种或品系，如长白猪和大白猪。

2. 选种目标

父系猪的育种目标：配种能力强，四肢健壮，精液品质良好；生长速度和瘦肉率高，大量瘦肉分布在经济价值高的部位；可允许为氟烷敏感基因的杂合子（基因型为 Nn）。

母系猪的育种目标：繁殖力高，母性强；食欲良好，适度的生长速度和瘦肉率；不携带氟烷敏感基因（基因型为 NN）。

猪的繁育体系是将纯种猪的选育提高、良种猪的推广和商品肉猪的生产结合起来，在明确使用什么品种，采用什么样的杂交生产模式的前提下，建立不同性质的各具不同规模的猪场。各猪场之间密切配合，形成一个统一的遗传传递系统。完整的繁育体系，通常是以原种猪场（核心群）为核心、种猪繁殖场（繁殖群）为中层、商品猪场（生产群）为基础的上小下大宝塔式繁育体系。

实际选种中，首先要根据市场需求和性状经济权重，确定选种目标。性状的经济权重指在预期生产市场形势下当其他性状保持不变时，某一性状发生一个单位的变化产生的边际效益（每一次投资所产生的效益都会与上一次投资产生的效益之间有一个差），是制定综合选择指数的依据。所有的生产性状都可以计算经济权重。在不同的市场生产条件下，生产性状经济权重有所不同。影响经济效益主要性状包括繁殖、生长育肥、产肉、抗逆与抗病性、体貌特征等。

迄今为主，生猪主选性状是生长和胴体性状。

二、选种方法

选种的方法有表型选择、家系选择、指数选择等。

1. 表型选择　表型选择就是根据个体性状表型值的高低进行选种的方法。将畜群中表型值由高到低的个体依次排列，采用择优选留法，直到满足留种数为止。遗传力高的性状适合这种选种方法，可通过家畜的生产力鉴定、体质外形鉴定、生长发育鉴定等进行选择。如在选择种公猪时，根据测定获得的表型值一般包括生长速度、胴体瘦肉率、饲料转化率等。

2. 家系选择　家系选择（line selection，family selection）：家系是指全同胞或半同胞的亲缘群体。家系选择适用于遗传力低的性状，适宜于一些限制性性状的选择。

（1）同胞选择　就是根据种畜的旁系亲属（全同胞或半同胞）的平均表型值高低来进行选种，又叫同胞测定。同胞测定可以根据同胞成绩对被测定的个体基因型作出判定，以确定是否是优秀的基因型。

（2）后裔选择　是最准确的选种方法，需要时间长，费用较高。后裔选择就是根据后代的平均表型值进行选种，也叫后裔测定，是对后代性能的测定和对比。常用的方法是女母对比法：用被鉴定公畜的女儿平均成绩和女儿的母亲成绩相比较，女儿超过母亲的，该公畜为优良种畜；如女儿成绩不如母亲的，则认为该公畜为不良公畜。

3. 指数选择　指数选择（selection index）：应用数量遗传的原理，把所需选择的几个性状综合成一个使个体间可以相互比较的数值，据此进行选种，这个数值就是选择指数。指数的制定一般都以最大的经济收益为目的，把每个性状的经济效果作为加权因子；如果选择多个性状，其加权值等于1。

构成一个选择指数所需要的资料是：每个选择性状的遗传力，各性状的相对经济重要性，性状间的遗传相关和表型相关系数，每个选择的个体表型值和畜群平均数。通过对多个性状的遗传力、遗传相关及经济权重进行合并计算获得综合选择指数，根据指数排序进行选择。这种方法克服了单性状选择的不足，计算也较简单，适合于较小型猪场进行场内评定。

选择指数通常又分父系指数（sire line index，SLI）与母系指数（dam line index，DLI）分别进行选择。SLI主要强调父系性状如生长速度、瘦肉量、肉质等进行指数计算，DLI则强调母系性状如繁殖性能等。

父系指数：父系指数用于将在杂交生产体系中作父本的种猪群的个体综合育种值的估

计，包含达 100 kg 体重日龄和背膘厚两个性状，其值越大越好。

母系指数：母系指数用于将在杂交生产体系中作母本的种猪群的个体综合育种值的估计，包含达 100 kg 体重日龄、背膘厚和窝产总仔数三个性状。

经济加权值：综合选择指数是对同时要选择的几个性状表型值，根据其经济重要性、遗传力、表型相关和遗传相关，进行不同的适当加权（对各个变量值具有权衡轻重作用的数值就称为权数）而综合制订一个能代表育种值的指数，我们可以按指数大小决定动物的选留。

一个指数中不可能也不应当包括所有的经济性状。同时选择的性状越多，每个性状的改进就越慢。一般选择 2～4 个容易度量的性状为宜，如种猪总产仔数、饲料转化率、育肥期平均日增重、100 kg 活体背膘厚等性状。

个性化的选择指数：育种企业完全可以根据猪群的具体基础及客户的需求，有针对性地调整各选择指数中相关性状的经济权重，提出个性化的种猪选择指数，以培育有企业特点的种猪产品，实现差异化销售策略（表 10 - 1）。

表 10 - 1 个性化的选择指数

加拿大猪生产性状的经济权重		法国猪生产性状的经济权重		丹麦猪生产性状的经济权重	
性状	经济权重	性状	经济权重	性状	经济权重
总产仔数	12.37	总产仔数	30	总产仔数	20
达 100 kg 体重日龄	−1.17	日增重	0.243	日增重	0.23
眼肌面积	0.39	饲料报酬	−109	饲料报酬	−100
瘦肉率	6.32	瘦肉率	4	瘦肉率	7
胴体眼肌率	1.91	肉质指数	13	肌内脂肪含量	10
采食量	−1.3	屠宰率	13		

注：引自 Nicholls，1997；Tribout 等，1998；SEA，1997。

从上述个性化选择指数看，总产仔数、瘦肉率性状的经济效果均被列入加权因子。

强调经济加权值的制订：突出主要经济性状，以 2～4 个为宜；所选性状容易度量；尽可能是早期性状、早期选种；对"向下"选择的性状，加权值为负；对负相关的性状尽可能合并为一个性状来处理。

另外，还有多性状选择法、间接选择法、质量性状选择法等。

三、选种流程

猪只的不同性状或生产性能是在发育过程中逐渐表现出来的。因此，按猪只不同生长发育分阶段进行选留与淘汰，可有效降低饲养成本，提高种猪场经济效益。

1. 断奶仔猪选择 在仔猪断乳时采用窝选加个体选择。挑选符合本品种的外貌特征，生长发育好，体重较大，皮毛光亮，四肢结实有力，乳头数在 6 对以上，无明显遗传缺陷者。断奶时应尽量多留，一般来说，初选数量为最终预定留种数量公猪的 10～20 倍以上，母猪 5～10 倍以上，以便未来能有较高的选择强度。产仔数多的窝可适当多留，产仔数少的窝少留。

2. 保育猪初选　在保育结束时，将体格健壮、体重较大、没有遗传缺陷的初选仔猪，转入下阶段测定，一般要保证每窝至少有 1 公 2 母进入性能测定。

3. 性能测定精选　性能测定进行 100 日龄体重、背膘厚度或眼肌面积测定及外貌评定、遗传评估等（图 10 - 1）。

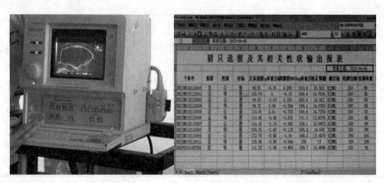

图 10 - 1　性能测定与遗传评估

种猪性能测定一般在 5～6 月龄进行，这时个体的重要生产性状（除繁殖性能外）都已基本表现出来，并且也有了遗传评估的结果，应作为主选阶段。此时的选择应以遗传评估结果和体型外貌为依据，按一定的选择比例，选择优良的个体留种。该阶段的选留数量可比最终留种数量多 15％～20％。选择父系指数和母系指数高于平均数 100，性状估计育种值较高，生殖器官、体型外貌等符合种用标准的个体留种。

4. 后备发情初配终选　通过上述三次选择，种猪进入后备阶段，虽然对其祖先、生长发育和外形等方面已有了较全面的评定，但繁殖性能尚未表现，需要在配种繁殖初期进行验证。公猪性欲低、精液品质差，所配母猪产仔均较少者淘汰；母猪无发情征兆、久配不孕、断奶后不发情、母性差、产仔过少等淘汰。若乳头过少或有缺陷也会影响仔猪成活率。

四、选配与目标

1. 选配的概念　选配就是有计划地选择种公母畜禽交配，使之产生优良的后代。对公母畜禽进行人为控制，使优秀个体获得更多的交配机会，可使优良基因更好地重新组合，以促进畜禽群体的改良提高，对畜禽育种工作有着十分重要的意义。

2. 选配的方法

（1）品质选配　品质选配一般指表型选配，就是考虑交配双方品质对比的选配。所谓品质，既可以指一般品质，如体质、体型、生物学特性、生产性能及产品质量等方面的品质，也可以指遗传品质，以数量性状而言，如估计育种值高低等。根据选配双方的品质对比，可分为同质选配和异质选配两种。

①同质选配　同质选配就是选用性状相同、性能表现一致，或育种值相似的优秀公母畜交配，以期获得相似的优秀后代。

② 异质选配 选用具有不同品质的公母畜禽交配，称为异质选配。一是选择具有不同优异性状的公母畜禽交配，以结合不同的优点，获得兼有双亲优良品质的后代；二是选用某一品质优良的种公畜禽与品质较差或者一般的母畜禽交配，达到以优改劣、提高后代品质的目的，因此异质选配又称改良选配。

（2）亲缘选配 亲缘选配就是考虑交配双方亲缘关系远近的选配。如果双方有较近的亲缘关系的选配就叫近交；反之，叫远交。

3. 选配目标 选配是有意识地组合后代的遗传基础。选配的合理性与有效性直接影响育种的进度。选配既能验证选种的正确性，又能巩固选种效果。

选配的主要作用有：一是创造必要的变异；二是把握变异方向；三是避免非亲和基因的配对，因为配子的亲和力主要决定于公母畜配子间的互作效应；四是加速基因纯合；五是控制近交程度，防止近交衰退。

与选配相反的交配称随机交配（即公母猪之间完全随机地交配，不考虑它们的亲缘关系和生产性能为基准），分为品质选配（性能选配）和亲缘选配两种方式，两者之间侧重点不同，但又有所联系。

4. 选配原则

（1）制订选配计划有利于克服缺点，稳定和巩固猪群优良性状（表10-2）。

表 10-2 选配计划表

母猪号	品种	预期配种时间	主要特征	与配公猪					选配方式
				主要特征	主配		候补		
					猪号	品种	猪号	品种	

（2）公猪的指数或等级要高于或等于母猪，不能用低于种母猪等级的种公猪与之交配。

（3）灵活、合理运用同质选配、异质选配。如果要固定某个优异性状采用同质选配；如果要改良某个性状，或者使不同的优异性状集合，采用异质选配方式。

（4）选择亲和力好的公母猪交配：亲合力也称基因的巧合能力，主要来自公母猪的互作效应。在制订选配计划时，应该分析以往的选配效果，通过对猪群过去选配的效果进行分析，以便找出能产生优良后代的交配组合，特别是公猪的选配结果，最好选择那些与各母猪配种效果都较好的公猪。

（5）正确使用近交，根据实际需要控制近交的速度和时间，防止近交衰退。

五、选留标准

1. 种公猪选留标准 经过初选到终选等多个环节，根据体貌特征、体质、性能、指数等，对公猪严加选择。具体选留标准：符合所选品种体貌特征；整体结构要匀称、协调，背腰平直，肢蹄强健；性器官发育良好，性欲旺盛；个体发育、生产性能测定成绩优秀；系谱档案资料齐全，综合指数高于群体平均水平（表10-3）。

表 10-3　猪只选留及其相关性状输出报表（按指数高低排序）

个体号	选留	性别	在场	父系指数	100 kg体重日龄EBV	背膘厚EBV	100 kg体重日龄	校正背膘	测定场	结测日龄	结测体重	背膘厚/mm
YYBJXM105058125	否	公	是	113.34	−1.98	−0.38	153.7	11.02	BJXM1	143	88	9
YYBJXM105058143	否	公	是	111.78	−1.21	−0.47	154.2	10.89	BJXM1	155	101	10
YYBJXM105050861	否	公	是	108.24	−0.5	−0.41	163	10.98	BJXM1	163	100	10
YYBJXM105058141	否	公	是	107.86	−0.61	−0.36	156.7	11.17	BJXM1	155	98	10
YYBJXM105058123	否	公	是	107.59	0.37	−0.58	162.6	10.61	BJXM1	143	80	8
YYBJXM102120008	否	母	是	107.47	0.07	−0.5	150.9		BJXM1	150	99	10
YYBJXM102120007	否	公	是	106.23	−0.62	−0.25	150	10.98	BJXM1	150	100	10
YYBJXM105050844	否	公	是	105.02	−0.6	−0.32	160.1	9.83	BJXM1	162	102	10
YYBJXM105058124	否	公	是	104.81	−0.79	−0.12	157.7	10.36	BJXM1	143	85	9

2. 种母猪选留标准　从饲料报酬高、增重快、肉质好、屠宰率高、母性好、产仔多、泌乳力强、仔猪生长发育快、断奶体重大、适应性强的优良公母猪后代中挑选后备母猪。选种流程基本同后备公猪选留。

初选：一般在仔猪断奶转群时进行。采用窝选，连续三胎高产窝头数（12 头以上）；有遗传疾病的不留（同胞中无疝气、瞎乳、脱肛等遗传缺陷），每窝选留体貌符合品种特点、生殖器无缺陷母猪 2～4 头，留足测定需要小母猪头数。

二选：一般在四月龄时进行，根据生长发育情况，淘汰生长极度不良个体。

终选：一般依据结测成绩如生长速度、育肥期日增重和背膘厚度两个指标进行指数选择。对生殖器进行选择，对体型外貌进行选择。

后备母猪达 100 kg 时背膘厚在 11～12 mm 的初次发情的平均日龄是最早的，背膘厚在 10 mm 以下初情期是最晚的，背膘厚在 14 mm 以上初情期也较晚。

定选：依据母猪发情观察结果对母猪进行淘汰。淘汰四肢伤病猪。

母猪的自然利用年限为 12～15 年，优良情况下可达 17 年，集约化生产通常为 3 年。根据母猪终生繁殖能力和生产计划控制 8 胎龄以上老龄母猪的比例在 10% 之内。

母猪淘汰要求：淘汰连续 2 胎产仔数低于 6 头，连续 2 胎流产或返情，连续 2 次难产，连续 2 胎有产死胎或木乃伊胎，母性不好二胎不会带仔和明显患有肢蹄疾病的母猪。

第二节　育种值估计

一、概念

育种估计通常指的是育种值估计。育种估计是选种选配的重要依据。

种用价值高低通常用育种值（breeding value）大小衡量。育种值指一个个体作为亲本（种畜）的价值，即衡量个体遗传价值高低的指标。在数量遗传学中把决定数量性状的基因加性效应值定义为育种值（BV），个体育种值的估计值叫作估计育种值（EBV）。通俗的理解就是某个体所具有的遗传优势，即它高于或低于群体平均数的部分。

虽然育种值是可以稳定遗传的，根据它进行种用个体选择可以获得稳定的选择进展。但是，育种值是不能直接度量的，所能测定的是包含育种值在内的各种遗传效应和环境效应共同作用得到的表型值。因此，只能利用统计学原理和方法，通过表型值和个体间的亲缘关系进行估计，由此得到的估计值称为估计育种值（estimated breeding value，EBV）。

估计育种值是种猪选育的主要依据，而育种值估计的准确性直接影响猪群的遗传进展。

估计传递力（estimated transmitting ability，ETA）是个体育种值的一半，ETA＝EBV/2。一个亲本只有一半的基因遗传给下一代，对数量性状而言个体育种值只有一半传递到下一代。

二、方法

育种值估计方法在不断改进和发展，主要包括：选择指数法（selection index，I）、最佳线性无偏预测法（best linear unbiased prediction，BLUP）、标记辅助 BLUP 法（marker‐assisted BLUP，MBLUP）等。

个体育种值：为了育种实践中便于比较个体育种值的相对大小而设定，指个体占所在群体均值的百分比，又称为相对育种值（relative breeding value，RBV）。

对多性状选择时，需要估计个体多个性状的综合育种值（aggregate breeding value），根据它进行选择可获得多个性状的最佳选择效果。综合育种值考虑了不同性状在育种上和经济上的重要性差异，用性状的经济加权值表示。

按照性状的遗传力、表型方差、表型相关、遗传相关和经济权重等参数，应用 Hazel（1943）提出的选择指数设计的理论和方法，将多个同时选育的性状制定成一个综合指数，称为综合选择指数。这是 20 世纪 80 年代前家畜育种中通用的方法。

BLUP 法于 20 世纪 70 年代由 Henderson 系统提出，是当今世界上动物育种值估计中应用相当广泛的先进统计方法。利用它可以直接估计单个或多个性状的育种值，建立综合育种值指数，使选择的准确性大大提高。但由于计算工具的限制，直至 80 年代计算机和信息技术的普及之后，才获得大范围的实际应用（表 10‐4）。

表 10‐4 育种值估计方法

阶段	方法	遗传学分类
初级阶段	选择指数法	数量遗传学
目前广泛应用的 BLUP	最佳线性无偏预测法（best linear unbiased prediction）	数量遗传学
未来的 MBLUP	标记辅助最佳线性无偏预测（marker‐BLUP）	分子数量遗传学

在制定综合选择指数时，应考虑以下几个方面：

（1）针对猪群中存在的问题，确定少数目标性状，切忌主次不分，面面俱到，从而降低每个性状的选择进展。应以高、中遗传力性状为主选性状，同时考虑其他重要经济性状之间的相关性。

（2）猪群的繁殖性状是低遗传力性状，因此如果它已达到较高水平，就不必将其纳入育种值综合指数，这样能提高选择的效率。如果确有必要改进，应以产仔数为主选性状，或者为母系猪群单独设计育种值综合指数。

单性状的育种值估计：将个体本身、祖先、同胞或半同胞、后裔在加权后合并成一个数值。

多性状的育种值估计：综合育种值、综合选择指数。

（1）综合育种值　将各性状的育种值变成无量纲的相对值，根据各性状的经济重要性，对各性状育种值加权，综合成一个以货币为单位的指数。

（2）综合选择指数　每个性状的真实育种值是无法得到的，需通过表型值加以估计，此估计值称为综合选择指数。

提高复合育种值估计准确度的方法：使用尽可能多的信息资料，被估个体与信息来源个体的亲缘关系越近越好。

育种工作中，不仅希望单个性状得到改进，更追求在多个性状上同时获得进展。

猪的育种值估计经选择指数、最佳线性无偏预测，向标记辅助线性无偏预测过渡。

三、验证公猪

验证公猪（proved boar）是指一头公猪经数次遗传评估，并随着其后代数目与性状信息的增多，其估计育种值在逐步变化（在一定限度内），至该公猪被认定为最优公猪时，即可称之为"验证公猪"。有了验证公猪，如未淘汰，则可加强其利用；一般可用来多产子代、多留后代，也可作为半同胞信息和先代信息对新公猪进行评估。

目前验证公猪一般依据遗传评估指数择优选用种公猪。我国多使用 GBS 软件，在输入实测数据后进行育种分析（BLUP 运算和指数计算等），再对 BLUP 及指数运算结果进行查询排序，以指数的高低和近交系数等确定种公猪的留配。

GBS 软件育种分析界面见图 10-2。

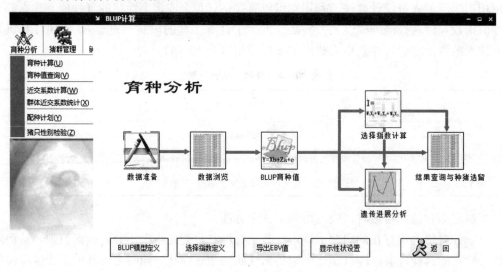

图 10-2　GBS 软件育种分析界面

种公猪遗传评估结果按指数、估计育种值等查询排序见表 10-5。

表 10-5　种公猪遗传评估结果查询排序

个体号	性别	父系指数	母系指数	日龄 EBV	背膘厚 EBV	产仔 EBV	目标重日龄	校正背膘
r-animal	r-sex	sli	dli	bc-dadjwt	bc-adif	be-bno	c-dadjwt	c-adjf
YYBJXM109840201	1	137.37	114.84	-2.1	-1.91	-0.293	0	0
YYBJXM112009101	1	135.32	128.62	-2.18	-1.65	-0.173	0	0
YYBJXM112009103	1	132.67	126.58	-2.06	-1.70	0.125	0	0
YYBJXM112009105	1	125.45	118.66	-1.99	-1.55	0.098	0	0
YYBJXM112009107	1	112.39	118.43	-2.04	-1.48	-0.045	0	0

注：表中个体号为虚拟号，性别 1 代表雄性，EBV 为估计育种值。

第三节　胚胎移植

一、发展状况

胚胎移植（embryo transfer，ET）又称为受精卵移植，俗称借腹怀胎。体内、体外生产的哺乳动物早期胚胎移植到同种的、生理状态相同的雌性动物生殖道内，使之继续发育成正常个体的生物技术。提供胚胎个体称为供体，接受胚胎的个体称为受体。供体决定其遗传特性。猪胚胎移植的主要步骤有：供体超数排卵、胚胎采集、供受体同期化处理以及手术法胚胎移植等。胚胎移植是非常规繁殖方式，是核心群种猪净化的重要手段。

猪胚胎移植技术流程如图 10-3。

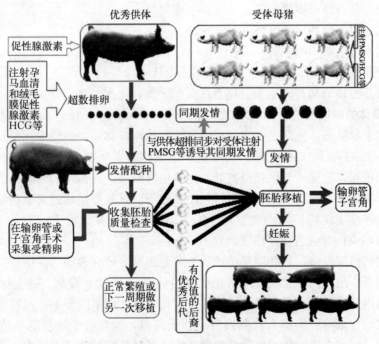

图 10-3　胚胎移植技术程序

猪胚胎移植目前存在的问题与影响因素如下：

（1）胚胎冷冻保存仍然存在很多问题，影响猪胚胎移植的应用推广；

（2）超数排卵的效率与稳定性问题限制了移植效率和实际应用；供体胚胎与受体的同期化程度要在 24 h 以内最理想，难以准确把握；

（3）回收胚胎的质量差，移植成功率低；

（4）胚胎采集和移植主要采用手术法，易造成粘连；

（5）生产一线缺乏熟练操作技术人员，胚胎移植的每个操作环节在实际操作环节中都十分重要；

（6）实施费用高，人力和时间耗费大。

二、供、受体的选择与饲养管理

根据品种需求、品种特征、系谱档案、遗传评定、健康状况信息等，选择优秀的后备母猪或适繁母猪做供体，单群饲养。

选择体质强健、适应性强、繁殖性能好、健康无病、中等以上膘情营养良好的母猪作供体，单群饲养。同时选择优秀公猪或优秀公猪精液备用。

三、供体猪超数排卵与受体猪同期发情

1. 超数排卵 超数排卵（super ovulation）是根据生产、试验、生物工程等需求，选择母猪发情周期的适当时间，注射外源性激素，使卵巢比自然发情时有更多的卵泡发育并排卵，获得更多的卵母细胞或胚胎，使供体产生更多胚胎供移植或者其他研究使用。

2. 超数排卵程序

（1）检查母猪以往母猪发情记录，选择实验猪只；

（2）肌内注射氯前列烯醇（PG）0.2 mg；

（3）母猪发情后第 16 天肌内注射 PMSG 1 500 IU；

（4）PMSG 注射 72 h 后，肌内注射 hCG 750 IU；

（5）24 h 后发情母猪与同品系公猪自然交配 3 次，每次配种间隔 12 h。

3. 供、受体的同期发情 同期发情（synchronization of estrus）指对具有正常发情周期的群体母猪采取措施，使之在一定时期内发情并排卵，称同步发情或同期发情，亦称发情同期化（estrus synchronization）。实质是利用某些激素制剂人为地控制并调整一群母猪发情周期的进程，使受体与供体母畜处在同一生理阶段，在预定的时间内集中发情和排卵，以便有计划地合理地组织配种或进行胚胎移植等。其原理是通过对母猪施加外源激素缩短和延长黄体期实现群体的同期发情。如孕马血清促性腺激素 PMSG 可促卵泡发育、促排卵和黄体形成；人绒毛膜促性腺激素 HCG 维持黄体。

实现母猪的同期发情，是胚胎移植成功的重要因素。研究表明，受体与供体母猪发情时间越接近越好，最好同步发情，或者供体比受体提前 1～2 d 发情。这是因为胚胎对于妊娠前期子宫内环境的耐受性较强，比受体子宫发育程度稍早的胚胎，可以等待子宫的发育成熟；反之，如果将胚胎移入比其发育早的子宫内，则会由于环境的不适应而遭到损害，不能妊娠。因此在进行猪的胚胎移植时，为达到最佳胚胎移植存活率，要求受体和供

体同期发情，即对供体实施超排的同时进行受体的同期发情。

受体同期发情方法与供体超排类同。湖北省农科院动物胚胎工程实验室制定的《猪胚胎移植操作规程要点》中规定了供体母猪的超排配种、受体母猪同期发情的详尽操作程序：

（1）供体母猪的超数排卵与配种　供体猪超数排卵开始处理的时间，应在自然发情或诱导发情的情期第 15～17 天进行。

① 孕马血清促性腺激素（PMSG）处理法　在发情周期的第 15～17 天，一次肌内注射 PMSG 9～13 IU/kg，72 h 后肌内注射等量的绒毛促性腺激素（HCG）。

② PMSG 与 PC 复合处理法　在发情周期的第 15～17 天或休情期，一次肌内注射 PMSG 9～13 IU/kg，同时一次肌内注射 0.2～0.5 mg PGF2α，72 h 后肌内注射等量的 HCG（绒毛促性腺激素）。注射 HCG 完毕，随即每天早晚用试情公猪进行试情。发情供体猪每日上午配种一次，直至拒配结束。

（2）受体母猪的同步发情

① 在供体做超数排卵处理、注射 PMSG 的同时，对处于情期 13～18 d 的受体母猪注射 PMSG（按每千克体重 10IU），72 h 后，等剂量注射 HCG。

② 对初情期前、或处于周期发情的母猪（情期 13～18 d）用 PG600（含 PMSG4 400 IU、HCG200 IU）处理。

③ 用 PG（前列腺素）处理妊娠 30～50 d 的母猪，诱导其同期流产，再用 PMSG 和 HCG（PG600）诱导其同期发情。

④ 在大群内选择与供体自然同期发情的母猪。

受体与供体同一天内发情和受体比供体迟一天发情，其胚胎移植的效果无显著的差异。

四、胚胎收集

胚胎的回收就是利用冲卵液将胚胎由雌性生殖道冲洗出来的过程。猪体型较小难以进行直肠检查，故猪胚胎采集和移植主要以手术法为主。

胚胎采集时间受胚胎发育期限制约，既不能迟于周期黄体的寿命，也不能迟于开始附植时，一般在周期黄体开始退化前几天，因为早期胚胎如受精卵、卵裂、囊胚期，尚未与子宫发生生理关联，处于游离状态，所以是采集胚胎的有效时期。猪胚胎在子宫内会迁移，最后在两侧子宫均匀分布。

根据胚胎移植试验研究报告资料，猪胚胎收集一般在输配结束后 4～5 d 2～8 细胞阶段，6～7 d 收集桑葚胚和囊胚。适宜收集时间为配种或人工授精后 90～100 h（图 10-4）。

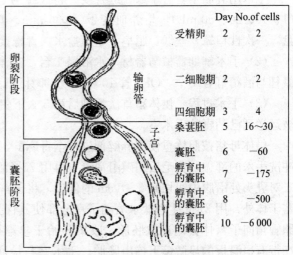

图 10-4　猪胚胎细胞体内发育及其所处位置

注：引自 Davis，1985。

在胚胎收集和移植的全部操作过程中，胚胎不能受到任何不良因素（物理、化学、病原）的影响而危及生命力，经鉴定确认发育正常的胚胎才能移植。建立足够的妊娠信号。收集到的猪鲜胚要求沉淀后即刻进行质量鉴定。

猪胚胎收集方法：手术法、非手术法、内窥镜法。

（一）手术法收集

手术法取胚基本步骤：麻醉、切口、观察、冲胚、收胚。

因猪的子宫角细长弯曲，子宫颈口狭窄通常需要施行开腹手术。在腹部靠倒数 $1\sim2$ 对乳头之间的腹中线切 $6\sim10\ cm$ 口，暴露子宫、输卵管及卵巢，在宫管连接部进针，用 PBS 液逆向冲卵，回收卵子和胚胎。

供体全身麻醉（可采用针刺麻醉、呼吸麻醉和注射麻醉）后，沿腹中线切开口，取出内生殖器（卵巢、输卵管和部分子宫角）。猪在发情开始后 $36\sim40\ h$ 排卵，排出的卵子在输卵管中停留 $48\ h$，于 4 细胞阶段进入子宫角。因此一般卵子多从子宫角中采集。在距子宫角末端的适当部位将子宫角夹住，将冲卵液从输卵管伞部注入子宫角中，再将注入的冲卵液轻轻挤向此子宫角，由从纵向小切口中插入子宫腔的导管回收。

猪的胚胎进入子宫角的时间通常比其他动物早，一般在排卵后 $48\ h$ 左右胚胎处于 4 细胞期进入子宫，且在发情后的 $5\sim6\ d$，胚胎仍位于子宫角顶部。因此，收集 4 细胞以前的胚胎只需冲洗输卵管，收集 4 细胞以后的胚胎仅需冲洗子宫角顶端，由于宫管连接处有类似阀门的结构，液体不能从子宫角流入输卵管，所以输卵管冲胚时只能从输卵管伞部注入冲洗液。

手术冲胚的手术材料与操作如下：

（1）手术器械与耗品　手术保定架，手术刀 1 把（刀片数枚），手术剪 1 把，止血钳 4 把，创巾与敷料若干块，创巾钳 6 把，眼科剪 1 把，带齿镊 1 把，缝合针 10 枚（棱针、圆针），胚胎移植用套管针（羊用）2 枚。

手术用乳胶手套若干双，缝合线 2 卷（10 号、12 号各一卷），手术一次性注射器若干（1、10、20、50 mL），培养皿若干（$\Phi35\ mm$、$\Phi90\ mm$），酒精棉球，碘酒棉球，白瓷盘，一次性口罩，丝线，肥皂，生理盐水，青霉素，链霉素与麻醉药等。

（2）手术辅助器械与器材　水浴锅 1 台，实体显微镜 1 台，液氮罐（10 L）1 台，液氮杯与酒精灯各 1 个，OPS 管 100 支，捡卵针等，手术服。

（3）手术过程　供体猪首次配种后第 5 天下午开始禁止饮食 12 h，次日上午供体母猪被运送到已消毒的手术室。

供体母猪按照体重使用麻醉剂进行全身麻醉，将母猪仰卧固定于手术架上，先用清水冲洗手术的部位，剪毛后用碘酊消毒，再用 75% 酒精脱碘处理。术者在猪腹部倒数第一、二对乳头处沿腹中线切开 $6\sim8\ cm$ 的创口，将子宫角、卵巢及输卵管从切口处轻轻拉出暴露于体外，用 37 ℃生理盐水喷洒子宫全部使其保持湿润。观察卵巢卵泡排卵情况，从输卵管角向子宫体方向冲取胚胎，收集胚胎于集卵瓶。冲卵液为 mPBS＋3% BSA。然后，在带有恒温板的显微镜下拣出胚胎。手术室与捡卵室温度控制在（25±2）℃。另一侧冲胚过程相同。冲胚结束后分层缝合，消毒并注射抗生素以防止感染。术后母猪单独护理（彩图 17）。

（二）非手术法收集

非手术法收集指离体吸引器抽取和子宫缩短方式，通过子宫颈在子宫内收集胚胎。

王前等（2004）对供体母猪利用非手术法离体灌入3 000～5 000 mL冲胚液后，经多次按摩下腹部，利用吸引器抽出液体，回收1 500～3 000 mL，经检查未找到胚胎。

荷兰和日本等国利用子宫缩短等法对猪进行非外科手术冲胚和移植已获得成功（戴琦，2008），但至今尚未普及。

（三）内窥镜法收集

内窥镜法收集是指借助腹腔镜微创取胚。

只需在腹部切开1 cm左右的2～3个小口，将腹腔镜插入，进行胚胎收集。这种方法仍需要麻醉和类似于常规手术的程序。但是要比手术法创口小，效果好。

五、胚胎的鉴定

在胚胎移入受体之前，需要对回收的胚胎进行形态学检查。检查内容包括胚胎的发育程度是否与胚龄一致、胚胎的可见结构是否完整、卵裂球的致密程度、卵裂球细胞大小是否均匀一致等。

1. 鲜胚鉴定内容 猪胚胎的直径约130 μm。把采取的胚胎放在实体显微镜（又称体视显微镜）下观察形态和发育情况，挑选出可供移植的良质胚胎。

检测项目：形态与匀称性、细胞质、透明带等。优秀胚胎形态饱满、四周光滑、卵裂球轮廓清晰、细胞质致密、色泽分布均匀（王前，2004）。

2. 猪胚胎质量鉴定分级标准 牛树理等（1988）提出用生物显微镜对猪胚胎质量鉴定分级标准：

（1）A级（优） 胚胎呈圆形或椭圆形，分裂球均匀，细胞间结合紧密，没有变性细胞；

（2）B级（良） 胚胎的部分分裂球（1/3以下）不均匀，有少量变性细胞，形态略变；

（3）C级（差） 胚胎大部分分裂球（1/2～2/3）不均匀，有较多的变性细胞；

（4）D级（劣） 细胞全部分散，细胞透明呈泡状。

检出的前三级胚胎视为合格，一般根据在供体生殖道的采卵部位（输卵管或子宫角）将经检查合格的胚胎尽快移植到受体母猪一侧生殖道相应部位。

世界国际胚胎移植联合会与国际兽医检疫局制定了具体的操作规程：在50倍显微镜下进行胚胎鉴定；要求用于移植的胚胎必须具有完整的透明带，将胚胎用含有双抗和抗真菌素的新鲜培养基清洗至少10次后进行移植；清洗过程所使用器械必须无菌。

六、胚胎移植到受体

胚胎移植到受体方法分手术法、非手术法、腹腔镜法。

（一）手术移植法

手术移植对受体的麻醉、保定、术部的位置、消毒方法及开口大小等，与供体取胚类同。手术移植方法研发早，技术较成熟，受胎率较高，因此猪胚胎移植一般采用手术法。将子宫角拉出切口之后，先用针头在一侧子宫角顶部刺一小眼，然后将吸有胚胎（一般 2～8 细胞期胚胎移入输卵管内，桑葚胚和囊胚移入子宫中）及 2 mL PBS 的移卵管，沿子宫角向下的方向插入子宫角内，深度不少于 2 cm。将胚胎及 PBS 输入子宫角，拉出移卵管。用温盐水洗子宫角及输卵管暴露于切口之外的部分，以灭菌纱布揩干，撒以抗生素，送回腹腔，最后按外科常规缝合术部。从移植到缝合全程大约 30 min（表 10 - 6）。

表 10 - 6　胚胎移植表

供体品种品系			受体品种品系	
ID 号			ID 号	
出生时间			出生时间	
体重			体重	
状况			状况	
发情状况			发情状况	
超排记录	时间：	激素及用量：	同期发情	时间：
	激素及用量：			激素及用量：
	时间：			时间：
	激素及用量：			激素及用量：
取胚记录部位数量	左侧：		胚胎移植部位数量	左侧：
	右侧：			右侧：
备注				

登记人：　　　　　　　　操作人：　　　　　　　　日期：

景邵红等（2004）报道，外科术式移植胚胎可采用腹中线切口法，也可用我国民间阉割猪手术法，后者效果较好，且不需缝合切口。移植胚胎的部位取决于胚胎发育阶段。子宫植胚时，可直接在输卵管峡部距子宫顶端附近穿刺，然后将吸管缓慢插入子宫腔。输卵管植胚时，从输卵管伞部插进胚胎吸管约 5 cm。

研究表明，猪移植一个胚胎不会受胎，通常移植 10～20 个胚胎，移植过多的胚胎，产仔数也不会增加。日本研究者认为最低必须移植 6 个以上胚胎，猪移植一个胚胎不会受胎。

移植部位为一侧或双侧。魏庆信等（2002）认为只做一侧的移植即可，两侧分别移植是不必要的。因为猪胚胎在着床前是游动的，着床时自然达到两侧数量和位置的基本平衡。

移植后，将受体母猪单圈饲养，对伤口加强消毒护理，防止感染发烧并观察返情况。确认受孕后按妊娠母猪的饲养水平及常规方法进行管理。

（二）非外科手术移植法

通过导管将供体胚胎转移到受体母猪的子宫体内。非手术移植法 1968 年在英国首次试验成功，在 17 头接受移植的母猪中，只有一头受胎。日本是 1987 年在农林水产省宫崎种畜场试验成功。9 头母猪中有一头受胎，产仔 7 头。非手术移植法，受胎率极低，似乎需要更高的专门技术。

荷兰达兰德和斯坦布育种场 1999 年正采用一种由沃格尼根农业大学和育种者合作开发的方法，进行非手术移植胚胎。该方法是通过受体母猪子宫颈管道插入一根中空、易弯曲的管子，直到子宫。这根中空的管子，作为引导一根小导管插入的保护通道。导管尖端是从供体家畜收集的胚胎。大约用 0.1 mL 液体将它们输入子宫。27 头母猪中有 16 头妊娠（59％）。

（三）腹腔镜微创胚胎移植法

常规开腹手术法也会使腹内脏器官较长时间地暴露在空气中，同时手套上遗留的滑石粉和纱布等对血管张力和组织均有一定的负面影响，而腹腔镜微创手术可大大减轻手术创伤对母猪的不良影响。

腹腔镜手术已经有 100 多年的历史，目前已广泛应用于人类外科如肠道、脾脏、肝脏、胰腺等微创手术。

由于腹腔内窥镜手术需要较为复杂、成本较高的图像系统（摄像头、光源、监视器）、气腹机（或手动气囊）、手术器械（分离钳、切割闭合器、吻合器等）和具有熟练操作能力的专业技术操作人员（或机器人），因此适应于成本较高的冷冻精液、性控精子、精子载体转基因、胚胎等，有利于准确植入输卵管或子宫（角），降低产品损耗，体现特殊的应用价值。

猪腹腔内窥镜胚胎移植和猪腹腔镜法人工输精操作方法大致相同。腹腔镜技术进行猪胚胎移植时，可参照医学上以猪为实验动物的腹腔镜手术操作，并将使用设备进行简化从而降低成本。

内窥镜微创移植具有对机体的损伤较小和术后动物恢复快等优点，就如同人类微创外科手术一样，把患者痛苦降到最小，把风险和困难留给医生，既需要配置较高端仪器设备增加一定成本，又需要经过培训和操作技能成熟的专业人员，因此临床应用较少。

七、胚胎的保存与体外胚胎的生产

（一）猪胚胎的冷冻保存

胚胎成功冷冻保存不但可以保护优良品种资源，防止遗传漂变，而且还可以取代活体猪或鲜胚的国际交流。我国地方猪品种资源丰富，这些地方品种对我国养猪业的发展起了很大的作用，但由于人们极力追求高生产力和高瘦肉率，地方猪种的数量不断下降到濒危状态。因此，为了保护我国珍贵的种质资源，有必要建立猪"胚胎银行"。

1985 年 Rall 和 Fahy 发明了玻璃化冷冻方法，冷冻保存小鼠 8 细胞胚胎取得成功。玻璃化冷冻细胞内外溶液没有冰晶形成，获得高存活率，该方法具有不需昂贵的冷冻设备、操作简便、冷冻过程短的优点。典型的方法就是 OPS 方法。Berthelot 等（2003）总结了

1998—2001 年 Dobrinsky 与 Kobayashi 两个团队猪胚胎的冷冻保存结果：将 1 278 枚开放式拉长麦管（open pulled straw；OPS）玻璃化冷冻猪胚胎（桑椹胚、扩张囊胚、孵化囊胚）移植到 46 头受体猪，结果 21 头妊娠，产仔 128 头。

玻璃微细管（glass micropipette，GMP）与开放式拉长麦管 OPS 具有同样的超快冷冻速度。我国学者采用 OPS 与 GMP 方法冷冻猪囊胚，胚胎先在冷冻液 1（TCM199＋20％ FBS＋10％ EG＋10％DMSO）中平衡 3 min，然后胚胎立即转入冷冻液 2（TCM199＋20％ FBS＋20％ EG＋20％ DMSO＋0.4 mol/L Suc）中 1 min，OPS/GMP 每管 2～6 枚胚胎，投入液氮保存 3 个月。解冻液的温度均为 37 ℃，解冻液的基础液均为 TCM199＋20％ FBS。解冻时，将 OPS 胚胎放入 0.13 mol/L Suc 溶液，1 min 后将胚胎转移到相同浓度 Suc 溶液中平衡 5 min，再将胚胎转入 0.075 mol/L Suc 溶液中平衡 5 min，最后将胚胎保存在 37 ℃、5％CO_2、饱和湿度下的基础液中。发现以 GMP 为猪胚胎承载工具和冷冻方法，胚胎（囊胚）解冻后以链蛋白酶作透明带薄化处理，以地方猪种（如枫泾猪）为冷冻胚胎移植受体，可取得较好的冷冻效果。

（二）猪胚胎的体外生产

胚胎体外生产（*in vitro* production，IVP）是指卵母细胞在体外成熟后与获能的精子受精，并进一步发育到桑葚胚或囊胚期的技术，包括卵母细胞体外成熟（*in vitro* maturation，IVM）、体外受精（*in vitro* fertilization，IVF）和体外培养（*in vitro* culture，IVC）。

猪的受精卵来源主要有体内冲胚、体外受精及单精子胞浆内注射（intracytoplasmic sperm injection，ICSI）三种方式。

体外生产的胚胎简称 IVF 胚胎。IVF 技术是继人工授精、胚胎移植技术之后，家畜繁殖领域的第三次革命。目前 30 多种哺乳动物体外受精获得成功，产生出正常后代。体外受精指通过人为的操作使精子和卵子在体外环境中完成受精过程，它包括卵母细胞体外成熟、精子体外获能、卵母细胞与获能精子的结合和受精卵体外培养等环节，是胚胎生物技术的重要研究内容之一，是胚胎体外生产的核心技术，可为转基因动物生产、细胞核移植、胚胎分割、胚胎干细胞等技术研究，提供丰富的实验材料和基本的技术保障。

体外受精可大量利用卵巢内的卵子，可提供更多的低成本胚胎，并且 IVF 胚胎可以冷冻保存，但是目前 IVF 胚胎的移植妊娠率还比较低，尤其是冷冻后胚胎移植妊娠率更低，限制了其在生产中的大规模应用。精液质量会影响体外受精胚胎的后续发育能力。活力在 0.5 以上的冻精体外受精时具有与正常鲜精相当的受精能力和后续发育能力；体外受精时合适的精卵比可有效提高胚胎发育能力。

猪的体内冲胚成本太高，而 IVF 又面临着多精受精问题，因此寻找合适的猪体外受精卵的生产方式对受精卵胞质注射至关重要，猪 ICSI 受精卵胚胎发育效率要优于 IVF 受精卵。

（三）胚胎体外生产技术存在的问题

（1）卵母细胞的胞质成熟问题。

（2）体外受精中的多精受精问题。由于多精受精问题导致能正常发育的比率低，尤其是猪胚胎体外生产中的多精子受精问题，比例高达 60％～100％。现在，一般都通过在猪的受精液中加入猪的卵泡液或寡聚肽的方法来阻止多精子受精。

（3）早期胚胎发育阻滞问题。

（4）早期胚胎活力问题体外生产的胚胎活力不强，常积累脂质，发生代谢异常。体外培养的胚胎经冷冻—解冻后的胚胎妊娠远低于超排供体回收胚胎的冷冻—解冻移植受胎率，这说明目前的 IVM 体系还需要从胚胎发育调节机制上加以改进。

>>> 主要参考文献

敖琦，田金如，邓瑞广，等，1989. 猪胚胎手术法移植试验报告 [J]. 河南农业科学 (3)：28-29.

北京农业大学，1980. 家畜繁殖学 [M].2 版．北京：农业出版社．

陈清明，周双海，2000. 仔猪早期隔离式断奶（SEW）技术 [J]. 中国动物保健 (1)：10-11.

戴琦，2008. 利用胚胎移植及相关技术培育实验用 SPF 小型猪 [D]. 杨凌：西北农林科技大学．

邓丽萍，谭松林，2016. 清单式管理——猪场现代化管理的有效工具 [M]. 北京：中国农业出版社．

范必勤，孙益兴，徐晓波，1989. 猪的超数排卵和胚胎移植研究 [J]. 中国农学通报 (3)：16-18.

范振先，傅金恋，葛长利，等，2005. 英系大白猪母猪体况对繁殖性能的影响 [J]. 中国畜牧杂志 (8)：21-23.

费学俊，1988. 母猪异常发情行为纵观 [J]. 畜牧兽医杂志 (2)：39-41

广西壮族自治区畜牧研究所，1976. 广西猪人工授精的调查报告 [J]. 遗传学报 (1)：45-50.

郝帅帅，黄阳，李平华，等.2014. 我国猪冷冻精液技术的发展与现状分析 [J]. 畜牧与兽医 46 (12)：101-105.

胡麦顺，史文清，侯云鹏，等，2011.HS-101V 便携式兽用 B 超仪在母猪高效繁殖上的应用 [J]. 黑龙江动物繁殖 .19 (6)：6-10.

贾良梁，Knauer M T，Baitinger D J，2016. 母猪体况卡尺 [J]. 国外畜牧学（猪与禽），36 (9)：1-5.

江苏省海安县食品公司，1978. 新型猪人工授精采精器——气压式机械采精器 [J]. 农业科技通讯 (2)：37.

景绍红，欧秀琼，廖奕珍，2004. 猪胚胎移植技术研究现状 [J]. 畜禽业 (10)：44-45.

李红丽，粟小平，路粟雨，等，2018.ICSI 受精卵胞质注射生产转基因猪胚胎的初步研究 [J]. 中国畜牧兽医，45 (6)：1618-1625.

李俊，2005. 猪卵母细胞体外培养和体外受精与猪胚胎非手术法移植研究 [D]. 杨凌：西北农林科技大学．

刘国世，王剑，薛振华，等，2007. 国外猪人工授精技术研究进展 [J]. 猪业科学 (7)：16-19.

罗应荣，1979. 猪活体测膘仪 [J]. 农业科技通讯 (2)：36-37.

牛树理，王元兴，冯紫云，等，1988. 猪的胚胎移植 [J]. 南京农业大学学报 (4)：57-60.

农业部畜牧业司，全国畜牧总站 .2012. 中国畜牧业统计 [M]. 北京：中国农业出版社．

农业农村部畜牧兽医局，全国畜牧总站 .2019. 中国畜牧兽医统计 [M]. 北京：中国农业出版社．

任鹤年，王英海，1985. 猪冷冻精液制冻工艺及受胎效果 [J]. 中国畜牧杂志 (3)：16-17.

史文清，2017. 公猪站的建立及运行机制的研讨 [J]. 猪业科学，34 (10)：46-48.

史文清，胡麦顺，朱士恩，等，2012. 外源生殖激素调控母猪生殖能力的研究 [J]. 猪业科学，29 (12)：98-100.

史文清，肖翔，朱晓静，等，2020. 猪 0.5 mL 细管冻精不同解冻方法精子质量的研究 [J]. 猪业科学，37 (6)：58－62.

孙雪梅，1994. 日本的猪胚胎移植现状及今后的课题 [J]. 吉林畜牧兽医 (1)：45－47.

唐国梁，史文清，侯云鹏，等，2006. 猪精液冷冻与常温保存技术的研究 [J]. 中国农业大学学报 (4)：33－36.

田璐，张士海，史文清，等，2018. LRH－A3 提高母猪产仔率的研究 [J]. 猪业科学，35 (2)：114－115.

王前，牛树理，钟宝华，等，2004. 猪胚胎的手术法和非手术法移植试验 [J]. 农业新技术 (今日养猪业) (2)：37－38.

王晓凤，苏雪梅，王楚端，2016. 种猪性能测定实用技术 [M]. 北京：中国农业出版社.

王新谋，1989. 家畜环境卫生学 [M]. 北京：农业出版社.

魏庆信，樊俊华，李荣基，1989. 采用激素促使青年母猪超数排卵的试验 [J]. 湖北农业科学 (8)：33.

魏庆信，郑新民，李莉，等，2002. 猪胚胎移植技术研究进展及其在生产中的应用 [J]. 湖北畜牧兽医 (4)：5－8.

吴灿智，徐清华，黄海根，1990. 猪的胚胎移植 [J]. 畜牧与兽医 (1)：26.

吴井生，陈永霞，2018. 应用 CASA 系统对公猪精子活力和活动率影响因素的研究 [J]. 黑龙江畜牧兽医 (19)：95－102.

谢金璞，张子敬，1982. 北京地区猪的低剂量精液输精 [J]. 畜牧与兽医 (6)：268.

许春荣，陆媚，刘德玉，等，2015. 猪精液 4 ℃ 低温保存技术的研究 [J]. 畜牧与兽医，47 (5)：67－70.

言稳，2012. 智能化母猪管理系统生产效果的研究 [D]. 南宁：广西大学

杨亮，裴孟侠，肖强，等，2019. 母猪发情监测装置的设计 [J]. 现代农业装备，40 (5)：40－43.

张彩英，1992. 猪胚胎移植的现状及展望 [J]. 世界农业 (5)：41－43.

张德福，戴建军，吴彩凤，等，2009. 猪胚胎玻璃化冷冻保存技术的优化 [J]. 生物工程学报，25 (7)：1095－1100.

张士海，巴良兴，崔艳，等，2021. 母猪倒骑式按摩输精法的应用效果研究 [J]. 猪业科学，38 (5)：112－114.

张士海，王以君，崔艳，等，2020. 纳米光催化环境改良剂降低猪舍氨气浓度的研究 [J]. 猪业科学，37 (7)：95－97.

张树金，1999. 猪非手术胚胎移植已进入生产实际 [J]. 当代畜牧 (5)：19.

张文灿，1982. 活体测膘在选育瘦肉型猪种中的应用 [J]. 国外畜牧科技 (5)：34－36.

张忠诚，2004. 家畜繁殖学 [M]. 4 版. 北京：中国农业出版社.

赵光远，马明荣，1988. 猪的子宫角输精能提高受胎率 [J]. 吉林畜牧兽医 (6)：11.

赵开基，牛贵义，彭建华，1983. 仿生情期测定法对母猪发情鉴定试验 [J]. 畜牧与兽医 (5)：30.

郑友民，2013. 家畜精子形态图谱 [M]. 北京：中国农业出版社

钟孟淮，2001. 猪对侧手徒手采精技术经验介绍 [J]. 贵州畜牧兽医 (6)：23.

Berthelot F, Martinat－Botté F, Vajta G, et al., 2003. Cryopreservation of porcine embryos：state of the art [J]. Livestock Production Science (1)：73－83.

Bonet S, Casas I, Holt W V, et al., 2013. Boar reproduction：fundamentals and new biotechnological trends [M]. Springer Heidelberg.

Christenson R K, Teague H S, 1975. Synchronization of ovulation and artificial insemination of sows after lactation [J]. J Anim Sci, 41 (2)：560.

Duziński K, Knecht D, Srodoń S, 2014. The use of oxytocin in liquid semen doses to reduce seasonal fluctuations in the reproductive performance of sows and improve litter parameters－a 2－year study [J].

Theriogenology, 81 (6): 780－786.

Hayashi S, Kobayashi K, Mizuno J, et al. , 1989. Birth of piglets from frozen embryos [J]. Vet Rec, 125 (2): 43－44.

Hunter R H F, 1974. Chronological and cytological details of fertilization and early embryonic development in the domestic pig, *Sus scrofa* [J]. The Anatomical Record, 178 (2): 169－185.

Legault C, Aumaitre A, et al. , 1975. The improvement of sow productivity, a review of recent experiments in France [J]. Livestock Production Science, 2 (3): 235－246.

Manjarin R, Cassar G, Sprecher D, et al. , 2009. Effect of eCG or eCG Plus hCG on Oestrus Expression and Ovulation in Prepubertal Gilts [J]. Reproduction in Domestic Animals, 44 (3): 411－413.

Martinat－Botté F, Venturi E, Guillouet P, et al. , 2010. Induction and synchronization of ovulations of nulliparous and multiparous sows with an injection of gonadotropin－releasing hormone agonist (Receptal) [J]. Theriogenology, 73 (3): 332－342.

Middelkoop A, Costermans N, Kemp B, et al. , 2019. Feed intake of the sow and playful creep feeding of piglets influence piglet behaviour and performance before and after weaning [J]. Sci Rep, 9 (1): 16140.

Middelkoop A, van Marwijk M A, Kemp B, et al. , 2019. Pigs Like It Varied: Feeding Behavior and Pre－ and Post－weaning Performance of Piglets Exposed to Dietary Diversity and Feed Hidden in Substrate During Lactation [J]. Front Vet Sci (6): 408.

Quesnel H, Farmer C, 2019. Review: nutritional and endocrine control of colostrogenesis in swine [J]. Animal (13): s26－s34.

Rall W F, Fahy G M, 1985. Ice－free cryopreservation of mouse embryos at－196 ℃ by vitrification [J]. Nature, 313 (6003): 573－575.

Tummaruk P, Lundeheim N, Einarsson S, et al. , 2001. Effect of birth litter size, birth parity number, growth rate, backfat thickness and age at first mating of gilts on their reproductive performance as sows [J]. Anim Reprod Sci, 66 (3－4): 225－237.

Vazquez J M, Martinez E A, Parrilla I, et al. , 2003. Birth of piglets after deep intrauterine insemination with flow cytometrically sorted boar spermatozoa [J]. Theriogenology, 59 (7): 1605－1614.

Yamanaka Y, Ralston A, Stephenson R O, et al. , 2006. Cell and molecular regulation of the mouse blastocyst [J]. Dev Dyn, 235 (9): 2301－2314.

图书在版编目（CIP）数据

猪场繁殖生产实用新技术 / 史文清，苏雪梅，薛振
华主编 . —北京：中国农业出版社，2022.9
ISBN 978 - 7 - 109 - 30098 - 9

Ⅰ. ①猪… Ⅱ. ①史… ②苏… ③薛… Ⅲ. ①养猪学
Ⅳ. ①S828

中国版本图书馆 CIP 数据核字（2022）第 180922 号

中国农业出版社出版

地址：北京市朝阳区麦子店街 18 号楼
邮编：100125
责任编辑：肖　邦
版式设计：杜　然　责任校对：刘丽香
印刷：中农印务有限公司
版次：2022 年 9 月第 1 版
印次：2022 年 9 月北京第 1 次印刷
发行：新华书店北京发行所
开本：787mm×1092mm　1/16
印张：12　插页：4
字数：260 千字
定价：70.00 元

版权所有·侵权必究

凡购买本社图书，如有印装质量问题，我社负责调换。

服务电话：010 - 59195115　010 - 59194918

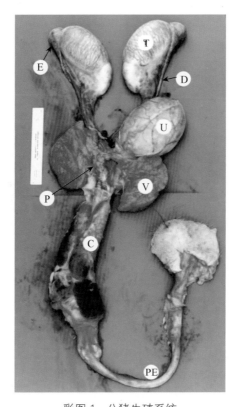

彩图 1　公猪生殖系统

C. 尿道球腺　D. 输精管　E. 附睾　P. 前列腺　PE.阴茎　T. 睾丸　U. 膀胱　V. 精囊

注：引自 Bonet et al.，2013。

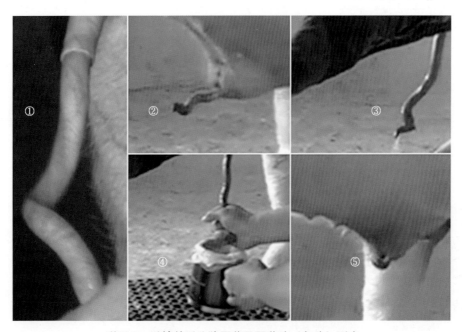

彩图 2　采精前后公猪阴茎及阴茎头（龟头）形态

①射精时充分勃起的阴茎体　②阴茎头伸出包囊　③精液前部分黏液　④采精　⑤射精结束快速缩回包囊

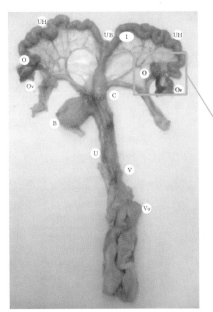
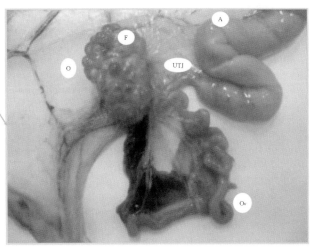

彩图 3　母猪的生殖道与输卵管

O. 卵巢　Ov. 输卵管　UH. 子宫角　C. 子宫颈　B. 膀胱　V. 阴道　Vu. 尿道

UB. 子宫体　UTJ. 宫管连接部　I. 峡部　A. 壶腹部　F. 卵泡

注：引自 Sergi Bonet et al.，2013。

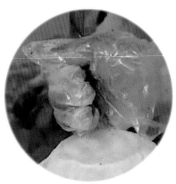

彩图 4　手握采精基本程序

身份识别　　　　连接器件　　　　自动采精　　　　气动传送

彩图 5　卡苏 Collectis 自动采精系统采精流程

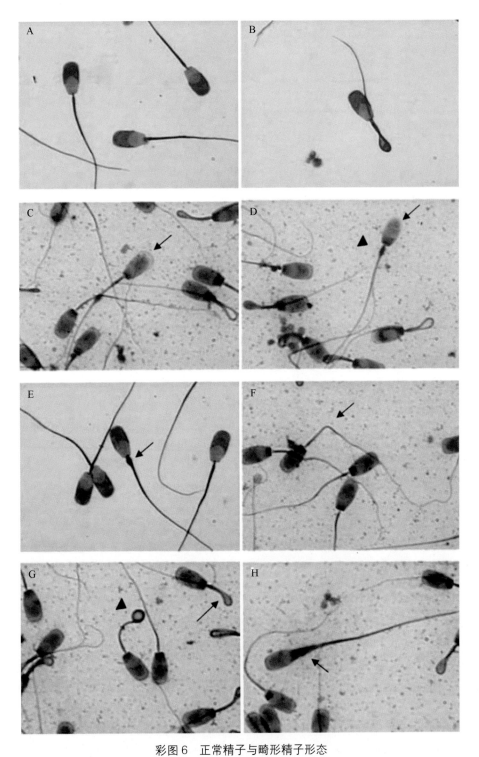

彩图6　正常精子与畸形精子形态

A. 正常精子细胞　B. 环尾　C. 顶体脱离　D. 顶体内容物丢失（小箭头），近端胞间小滴（大箭头）

E. 近端胞间小滴　F. 扭结中段　G. 环尾（小箭头）与盘尾（大箭头）　H. 加厚的中段

注：引自 Katkov I，2012。

彩图7 精子密度仪检测程序

①轻按［开/关］键，打开密度仪 ②系统提示"请先调零" ③取2 mL稀释液放于比色皿中

④比色皿光面横向放入仪器比色池 ⑤关闭比色池盖，按［ZERO］键，等待系统调零

⑥调零完成 ⑦取0.2 mL原精液于比色皿中 ⑧精液与稀释液充分混合

⑨再次关闭池盖，按［READ］键 ⑩系统进行检测、计算，6～7 s后显示检测结果

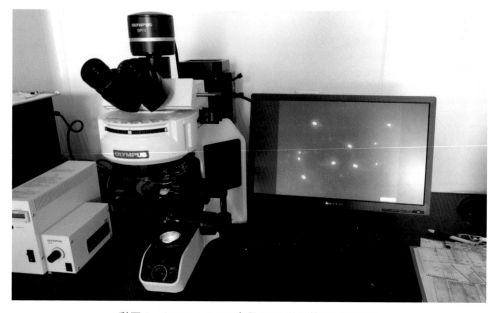

彩图8 Olympus DP73专用CCD彩色数码照相装置

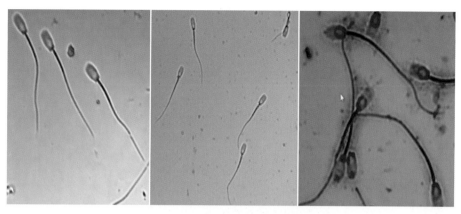

彩图 9　Olympus DP73 拍摄的猪精子图片

彩图 10　新鲜精液与冷冻解冻后精子的运动轨迹（×100）

注：A 类精子标记为红色，运动速度≥15 μm/s；B 类精子标记为绿色，15 μm/s＞运动速度≥10 μm/s；C 类精子标记为黄色，10 μm/s＞运动速度≥5 μm/s；D 类精子标记为白色，运动速度＜5 μm/s。

彩图 11　猪自然交配与人工授精

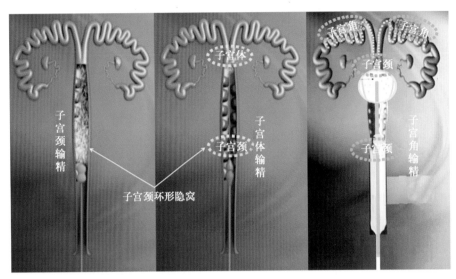

彩图 12　常规输精与深部输精部位

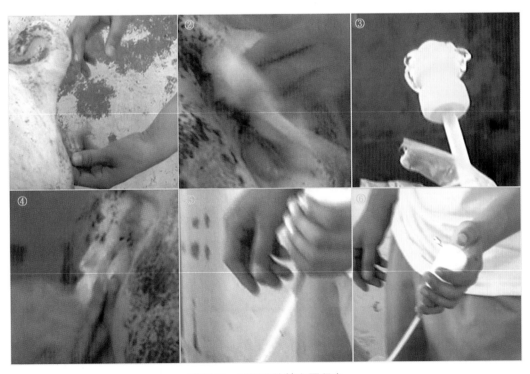

彩图 13　子宫颈输精主要程序

①确认发情：按背、检查外阴等　②消毒清洗母猪外阴（消毒、冲洗）

③涂润滑液于外阴或输精管的海绵头上　④左旋 45°将输精管插入母猪生殖道

⑤当海绵头被宫颈锁紧时输入精液

⑥输精过程中用针扎瓶底放气，束后拔除输精管（瓶）。输精过程大约持续 5 min

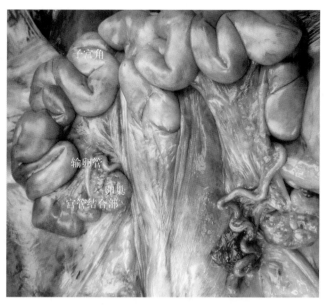

彩图 14　母猪卵巢、输卵管与宫管结合部

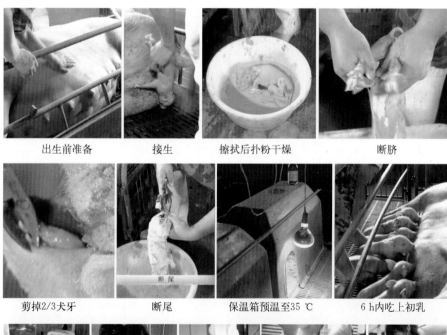

| 出生前准备 | 接生 | 擦拭后扑粉干燥 | 断脐 |

| 剪掉2/3犬牙 | 断尾 | 保温箱预温至35℃ | 6 h内吃上初乳 |

| 初乳后称体重 | 剪耳号 | 3日龄补铁 | 5日龄补料 | 7日龄免疫 |

彩图 15　仔猪管理要点

彩图 16　诱导母猪发情

①公猪为定位栏母猪诱情　②母猪绕公猪栏　③灯光诱情　④人与公猪协同诱情

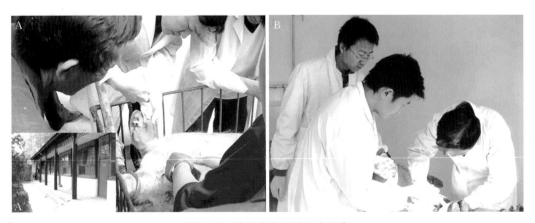

彩图 17　猪活体囊胚的手术采集

A. 耳缘静脉麻醉　A′. 猪场实验室外景　B. 冲胚过程